Ali Moukadem

Segmentation et Classification des signaux non-stationnaires

Application à l'analyse des sons cardiaques et à l'aide au diagnostic

Presses Académiques Francophones

Impressum / Mentions légales
Bibliografische Information der Deutschen Nationalbibliothek: Die Deutsche Nationalbibliothek verzeichnet diese Publikation in der Deutschen Nationalbibliografie; detaillierte bibliografische Daten sind im Internet über http://dnb.d-nb.de abrufbar.
Alle in diesem Buch genannten Marken und Produktnamen unterliegen warenzeichen-, marken- oder patentrechtlichem Schutz bzw. sind Warenzeichen oder eingetragene Warenzeichen der jeweiligen Inhaber. Die Wiedergabe von Marken, Produktnamen, Gebrauchsnamen, Handelsnamen, Warenbezeichnungen u.s.w. in diesem Werk berechtigt auch ohne besondere Kennzeichnung nicht zu der Annahme, dass solche Namen im Sinne der Warenzeichen- und Markenschutzgesetzgebung als frei zu betrachten wären und daher von jedermann benutzt werden dürften.

Information bibliographique publiée par la Deutsche Nationalbibliothek: La Deutsche Nationalbibliothek inscrit cette publication à la Deutsche Nationalbibliografie; des données bibliographiques détaillées sont disponibles sur internet à l'adresse http://dnb.d-nb.de.
Toutes marques et noms de produits mentionnés dans ce livre demeurent sous la protection des marques, des marques déposées et des brevets, et sont des marques ou des marques déposées de leurs détenteurs respectifs. L'utilisation des marques, noms de produits, noms communs, noms commerciaux, descriptions de produits, etc, même sans qu'ils soient mentionnés de façon particulière dans ce livre ne signifie en aucune façon que ces noms peuvent être utilisés sans restriction à l'égard de la législation pour la protection des marques et des marques déposées et pourraient donc être utilisés par quiconque.

Coverbild / Photo de couverture: www.ingimage.com

Verlag / Editeur:
Presses Académiques Francophones
ist ein Imprint der / est une marque déposée de
AV Akademikerverlag GmbH & Co. KG
Heinrich-Böcking-Str. 6-8, 66121 Saarbrücken, Deutschland / Allemagne
Email: info@presses-academiques.com

Herstellung: siehe letzte Seite /
Impression: voir la dernière page
ISBN: 978-3-8416-2244-0

Thèse

Présentée pour obtenir le grade de Docteur
de l'Université de Haute Alsace.

Par :

Ali MOUKADEM

Ecole Doctorale : ED 494 - Pôle sciences pour l'ingénieur.

Spécialité : Traitement du Signal.

Segmentation et Classification des signaux non-stationnaires.

Application au traitement des sons cardiaques et à l'aide au diagnostic.

Jury :

Laurent Daudet	Professeur des Universités à l'Université Paris Diderot – Paris 7	Rapporteur
Olivier Meste	Professeur des Universités à l'Université de Nice Sophia Antipolis	Rapporteur
Emmanuel Andres	Professeur PU6PH à Strasbourg	Examinateur
Christian Brandt	Docteur Cardiologue	Examinateur
Jean Merckle	Professeur des Universités à l'UHA	Président du Jury
Amir Hajjam	Maitre de Conférences à l'UTBM	Examinateur
Alain Dieterlen	Professeur des Universités à l'UHA	Directeur de thèse

On ne voit bien qu'avec le cœur.

L'essentiel est invisible pour les yeux.

Antoine de Saint-Exupéry, extrait du Petit Prince Chapitre 21.

Remerciements

Je tiens tout d'abord à remercier mon directeur de thèse *Alain Dieterlen* pour son soutien et pour m'avoir faire confiance tout le long de ce travail de thèse et pour ses conseils constructifs et pertinents et tout particulièrement pour ses qualités humaines. Je tiens également à remercier *Christian Brandt* pour son enthousiasme et sa motivation remarquable et pour toute l'aide qu'il a pu apporter surtout dans le contexte médical.

Mes grands remerciements à la *région d'Alsace* pour avoir accepté de financer ce travail de thèse.

Je remercie mes rapporteurs, *Laurent Daudet* et *Olivier Meste*, d'avoir accepté la lourde tâche de rapporteur et d'avoir prêté une attention soutenue à mon manuscrit. Je remercie également *Jean Merckle* d'avoir accepté de présider mon jury de thèse ainsi que *Emmanuel Andress* et *Amir Hajjam* pour avoir examiné mon travail.

J'adresse une vive reconnaissance à tous ceux qui m'ont aidé et accompagné durant ces années, à *Raymond Gass* mon ancien tuteur de stage à Alcatel, à *Nicolas Hueber* de l'institut franco-allemand de Saint-Louis, à *Alban Simon* et *Renée Leininger-Kopff* de l'Hôpital Civil de Strasbourg et à tout les membres de l'équipe Label du laboratoire MIPS à Mulhouse.

Un grand merci pour mes parents, mon ami et mon frère *Mohamad* et ma chère sœur *Hoda*, pour leur soutien durant toutes ces années d'études : je ne saurais être qu'infiniment reconnaissant quant aux sacrifices qu'ils ont consentis. Un merci spécial pour mon futur cardiologue ***Rana***, l'étincelle de ma vie, qui était toujours à coté de moi tout au long de ces 3 années, pour son soutien moral et pour m'avoir aidé à dépasser mes difficultés en anglais.

Enfin, un merci à toutes les personnes que je n'ai pas citées, mais qui se reconnaitront sûrement, et qui m'ont soutenues et encouragées.

Résumé

Cette thèse dans le domaine du traitement des signaux non-stationnaires, appliqué aux bruits du cœur mesurés avec un stéthoscope numérique, vise à concevoir un outil automatisé et « intelligent », permettant aux médecins de disposer d'une source d'information supplémentaire à celle du stéthoscope traditionnel.

Une première étape dans l'analyse des signaux du cœur, consiste à localiser le premier et le deuxième son cardiaque (S1 et S2) afin de le segmenter en quatre parties : S1, systole, S2 et diastole. Plusieurs méthodes de localisation des sons cardiaques existent déjà dans la littérature. Une étude comparative entre les méthodes les plus pertinentes est réalisée et deux nouvelles méthodes basées sur la transformation temps-fréquence de Stockwell sont proposées. La première méthode, nommée SRBF, utilise des descripteurs issus du domaine temps-fréquence comme vecteur d'entré au réseau de neurones RBF qui génère l'enveloppe d'amplitude du signal cardiaque, la deuxième méthode, nommée SSE, calcule l'énergie de Shannon du spectre local obtenu par la transformée en S.

Ensuite, une phase de détection des extrémités (onset, ending) est nécessaire. Une méthode d'extraction des signaux S1 et S2, basée sur la transformée en S optimisée, est discutée et comparée avec les différentes approches qui existent dans la littérature.

Concernant la classification des signaux cardiaques, les méthodes décrites dans la littérature pour classifier S1 et S2, se basent sur des critères temporels (durée de systole et diastole) qui ne seront plus valables dans plusieurs cas pathologiques comme par exemple la tachycardie sévère. Un nouveau descripteur issu du domaine temps-fréquence est évalué et validé pour discriminer S1 de S2. Ensuite, une nouvelle méthode de génération des attributs, basée sur la décomposition modale empirique (EMD) est proposée.
Des descripteurs non-linéaires sont également testés, dans le but de classifier des sons cardiaques normaux et sons pathologiques en présence des souffles systoliques.

Des outils de traitement et de reconnaissance des signaux non-stationnaires basés sur des caractéristiques morphologique, temps-fréquences et non linéaire du signal, ont été explorés au cours de ce projet de thèse afin de proposer un module d'aide au diagnostic, qui ne nécessite pas d'information à priori sur le sujet traité, robuste vis à vis du bruit et applicable dans des conditions cliniques.

6

Table des matières

Chapitre 1.
Position du problème

1.1. Introduction

Outil emblématique de la profession médicale, base du développement de la médecine clinique, le stéthoscope et l'auscultation conservent une place de premier plan dans le diagnostic médical au contact du patient. Développé avec le travail de LAENNEC en 1816, l'auscultation avec l'appoint du stéthoscope a peu évolué depuis lors.

Le matériel lui-même a été perfectionné au courant du 19ème siècle avec l'amélioration du pavillon. L'apparition des membranes et des guides d'onde permettent l'auscultation biauriculaire. Récemment, depuis une dizaine d'années, on observe l'apparition de stéthoscopes électroniques, qui ont pour intérêt de pouvoir enregistrer, stoker et réécouter dans de meilleurs conditions les sons, afin de diagnostique ou d'apprentissage (Figure 1.1). L'auscultation elle-même repose toujours sur l'expertise du seul médecin, acquise par des bases théoriques, puis validée par le compagnonnage et l'expérience personnelle.

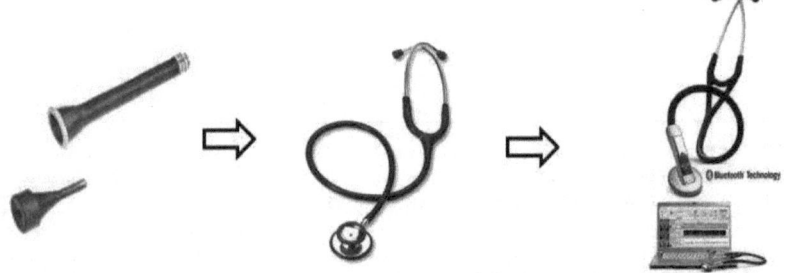

Figure 1.1 : Evolution de l'outil d'auscultation.

A partir des années 1940, il a été proposé, pour les bruits du cœur, une méthode graphique d'analyse des fréquences : le PhonoCardioGramme (PCG) qui a, longtemps associé à l'enregistrement de phénomènes pulsatiles, permis un diagnostic cardiologique des valvulopathies. Cette technique a donc été utilisée avec de bons résultats jusqu'à l'avènement dans les années 1970 des techniques d'imagerie par échographie qui ont progressivement, surtout après la mise au point et l'association au Doppler continu et pulsé, pris la place du PCG. Pourtant, ces techniques d'échocardiographie nécessitent un équipement qui reste coûteux, une formation à la technique d'enregistrement et à l'interprétation des données obtenues qui la réservent de fait essentiellement à des spécialistes en cardiologie (figure 1.2).

On peut relever, de plus qu'elles ne donnent pas les mêmes informations que l'auscultation mais apporte une imagerie aujourd'hui dynamique associée à des mesures de type hémodynamiques grâce aux techniques Doppler.

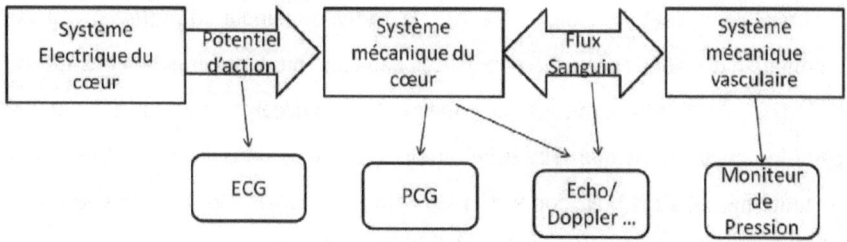

Figure 1.2 : les activités cardiaques avec les différents signaux correspondants mesurés. (ECG : ElectroCardioGramme, PCG : PhonoCardioGramme, Echo : Echocardiographie)

L'auscultation, quant à elle, a le mérite de la simplicité, elle est applicable partout et permet une orientation diagnostique suffisante lorsqu'elle est bien utilisée.

L'application à l'auscultation cardiaque et pulmonaire, des techniques de communication récentes et des outils du traitement du signal avancés, va permettre de sortir du dialogue singulier médecin/malade, de faire appel à un avis d'expert, d'améliorer la pédagogie de l'auscultation et de développer des systèmes d'analyse automatique pour l'aide au diagnostic. Ce dernier développement est à l'origine du travail qui est présenté dans ce document.

Notre projet dans le domaine de l'analyse des bruits du cœur, basé sur un stéthoscope numérique, vise à concevoir un outil automatisé permettant aux médecins de disposer d'une source d'information supplémentaire à celle liée du stéthoscope traditionnel. Ceci lors de l'auscultation des patients, de l'analyse collaboratrice pour le diagnostic et pour la formation des étudiants en Médecine.

Ce travail de thèse a été mené au sein du laboratoire MIPS de l'Université de Haute Alsace (UHA) et les Hôpitaux Universitaires de Strasbourg. Ce projet supporté initialement par l'ANR ASAP TLOG 06 et par la région Alsace (bourse de thèse) a pour objectif, le développement d'outils d'analyse automatisé des sons cardiaque enregistrés dans une base en cours de constitution (PRI HUS 4179/2007), qui vise de collecter 200 sons cardiaques normaux et 200 pathologiques. Ainsi que les auscultations collectées dans le projet CardioPsy sélectionné par l'ESA en cours de réalisation à l'IBMP Moscou dans le projet MARS 500 (Fin de l'expérience le 04 novembre 2011).

Dans un premier temps, nous allons aborder dans ce chapitre introductif, le contexte général de la thèse qui s'inscrit dans le cadre du traitement et d'analyse automatique des sons cardiaques, ensuite nous allons représenter les différents sons cardiaques, normaux et pathologiques, et leurs propriétés physiologiques. La troisième partie de cette introduction, s'intéressera au matériel utilisé et à la description de la base des sons, sur laquelle nous nous basons pour la validation des méthodes de traitement du signal développés durant ce travail. Ensuite, nous résumons nos contributions dans le cadre de l'analyse des signaux cardiaques et pour finir, nous présentons l'organisation de ce rapport.

1.2. Etat de l'art sur l'analyse automatique des signaux cardiaques

Le regain d'intérêt de l'analyse et traitement des sons auscultatoire, dont les signaux PCG, a été remarquable pendant les dernières années.

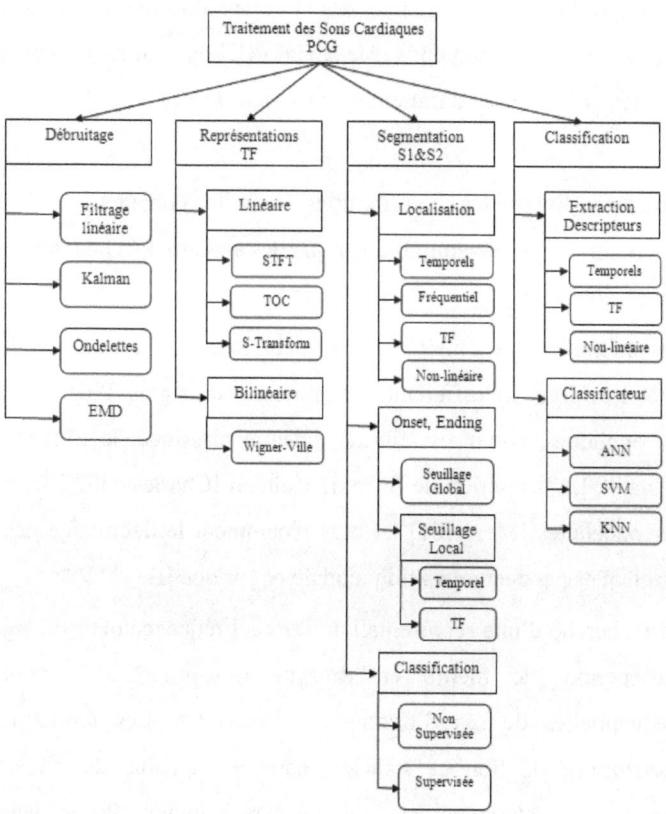

Figure 1.3 : Schéma qui résume les grandes lignes des contributions qui ont été proposées dans la littérature concernant le domaine du traitement des sons cardiaques PCG. Les abréviations : TOC (Transformée en Ondelettes Continue), EMD (Empirical mode decomposition), TF (Temps-Fréquence), STFT (Short Time Fourier Transform), ANN (Artificial Neural Networks), SVM (Support Vector Machines), KNN (K Nearest Neighbor).

L'analyse des bruits cardiaques par auscultation, basée seulement sur l'oreille humaine, reste insuffisante pour un diagnostic fiable des cardiopathies et pour qu'un clinicien puisse obtenir toutes les informations qualitatives et quantitatives de l'activité cardiaque. Ces informations comme la localisation temporelle des bruits du cœur, le nombre de leurs composantes internes, leur contenu fréquentielle, l'importance des souffles diastoliques et systoliques, peuvent être étudiée directement sur le signal PCG par l'utilisation de méthodes de techniques numériques du traitement de signal [Debbal05].

Nous pouvons diviser les contributions dans le domaine de l'analyse et traitement automatique et semi-automatique des signaux PCG en quatre groupes essentiels (Figure 1.3) :

- Les méthodes qui s'intéressent au débruitage des signaux PCG afin de mieux explorer les différentes composantes du signal. Plusieurs outils ont été appliqués, comme le filtrage linéaire classique, le filtrage adaptatif [Tinati96], l'utilisation de filtre de Kalman [Charleston97], le débruitage par ondelettes [Messer01], et plus récemment le débruitage des signaux cardiaques par décomposition modale empirique [Beya09].

- La recherche d'une représentation Temps-Fréquence (TF) du signal PCG qui permet de mettre en exergue les propriétés temporelles et fréquentielles de ses différentes composantes. Les limitations de la transformée de Fourier standard dans le domaine de traitement des signaux non-stationnaires, comme les signaux PCG, étaient une motivation pour explorer les transformées les plus adaptées à ce type de signaux, comme les transformées TF linéaires, citons par exemple, la transformée de Fourier à court terme (STFT) [Djebarri00], la transformée d'ondelettes [Debbal08], la transformée en S [Sejdic04] (qui est utilisée dans ce document pour optimiser la concentration d'énergie des signaux S1 et S2 dans le domaine TF, chapitre 3) et des transformées bilinéaires, comme la transformée de Wigner-Ville [Boutana11].

- Le processus de segmentation des signaux PCG est une étape cruciale dans l'analyse des signaux cardiaques et qui constitue une partie importante de ce document (Chapitre 2 et 3). Elle consiste à décomposer

14

le signal PCG en quatre parties essentielles : S1, systole, S2 et diastole. Cette phase est la référence sur laquelle toute étude de pathologie se basera. La phase de segmentation peut être décomposée en 3 sous phases ; localisation de S1 et S2, détection des ses extrémités (onset & ending) et classification. Concernant la localisation, plusieurs méthodes ont été proposées comme l'énergie de Shannon [Liang97], le filtrage homomorphique [Gupta07], le produit multi-échelles [Moussavi04], la transformée en S et les réseaux RBF [Moukadem11]. Nous classifions ces méthodes en fonction des domaines où elles s'appliquent ; temporel, fréquentiel, temps-fréquence (TF) et domaine non-linéaire (Figure 1.3).

Pour la détection des extrémités, nous divisons les méthodes qui existent dans la littérature en 2 classes ; seuillage global et seuillage local, où le dernier est divisé en deux parties, seuillage temporel et seuillage TF.

- La phase de classification des signaux PCG a un lien direct avec le diagnostic médical. Une phase cruciale dans la classification est l'extraction des descripteurs à partir des différentes composantes du signal PCG. Des descripteurs TF ont été proposés pour évaluer la sévérité de sténose aortique [Kim03], pour évaluer la sévérité d'une insuffisance mitrale [Hoglund07], pour discriminer entre S1 et S2 [Moukadem12] (qui a un lien également avec la phase de classification de la partie de segmentation de S1 et S2).

Des descripteurs non-linéaires ont été explorés pour classifier entre différentes maladies des valves cardiaques [Ahlstrom06]. Comme les méthodes de localisation, nous divisons les descripteurs utilisés dans la littérature en fonction des domaines où ils s'appliquent (temporel, TF et non-linéaire).

Différents classificateurs ont été également utilisés, comme les réseaux de neurones (ANN : Artificial Neural Networks) pour discriminer entre les sons normaux et pathologiques [Sinha07], le K plus proches voisins (KNN) pour classifier les souffles systoliques [Vepa09], les SVM (Support Vectors Machine) pour l'identification des maladies valvulaires [Maglogiannis09].

Concernant la partie de classification des sons cardiaques, nous nous intéressons dans ce document à certains types des descripteurs TF issus de la transformée en S et de la décomposition modale empirique (EMD), afin de classifier S1 et S2. Nous explorons également certains descripteurs non-linéaires pour décrire les phases systoliques qui contiennent des souffles de différentes origines (Chapitre 4).

1.3. Les sons cardiaques

Dans cette section, nous présentons l'aspect physiologique des sons cardiaques normaux et pathologiques.

1.3.1. L'auscultation

Elle se pratique pour explorer divers organes : le cœur et les vaisseaux, le poumon et l'abdomen. Cette auscultation doit être faite par plages ; celles-ci étant en général définies par leur position sur le thorax ou l'abdomen. Par expérience, il a été défini des foyers d'auscultation, en général 5 ou 6 pour l'auscultation cardiaque, 10 pour l'auscultation pulmonaire, alors que l'auscultation de l'abdomen se fait davantage à la recherche des bruits hydroaériens de la digestion dans les différents secteurs de l'abdomen.

L'auscultation par foyer doit permettre au médecin d'entendre plusieurs cycles cardiaques ou respiratoires afin de bien entendre les sons et le temps de formuler un diagnostic. L'objet de ce travail a été limité aux résultats du traitement de l'enregistrement des bruits du cœur.

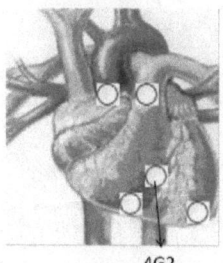

4G2

Figure 1.4 : Le foyer d'auscultation 4G2. Image extraite de logiciel Stetho (PRI HUS N°4179).

Les foyers d'auscultation, dans l'auscultation cardiaque, sont définis en fonction de la position des valves cardiaques en regard de la paroi thoracique. Certaines pathologies de l'aorte thoracique peuvent amener à recourir à une auscultation dorsale, mais l'essentiel des données auscultatoires est recueilli sur la paroi antérieure du thorax au niveau des foyers aortiques, pulmonaires, tricuspidiens et mitraux. On constate que 4G2 (4ème espace intercostal gauche à 2 cm de la ligne médiane) est un foyer dont l'auscultation constitue souvent une bonne synthèse des foyers précordiaux (Figure 1.4).

1.4.2. Les sons cardiaques normaux

Deux sons cardiaques symbolisent la contraction cardiaque : le 1er bruit (S1) correspondant à la fermeture de la valve mitrale et à l'ouverture des sigmoïdes aortiques, alors que le deuxième bruit (S2) est initiée par la fermeture des sigmoïdes aortiques. Le premier bruit ressemble au son « TOUM » ; le second bruit du cœur, marque la fin de la contraction cardiaque avec la fermeture des valves d'éjection aortiques et pulmonaires qui déterminent S2 et correspondant au son « TA ». Les sons du cœur limitent la systole (contraction), alors que normalement la période de repos cardiaque (diastole) n'est pas audible (Figure 1.5).

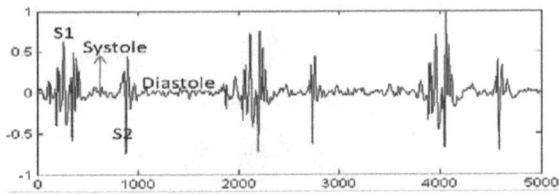

Figure 1.5: PCG d'un sujet normal.

De fait, il est admis que les sons cardiaques ont une origine mixte : valvulaire et musculaire, associant les sons valvulaires auriculoventriculaires et des valves d'éjection et la répercussion, sur le muscle ventriculaire, des phénomènes circulatoires notamment des flux sanguins intracardiaques. [Drui82], [Drui83].

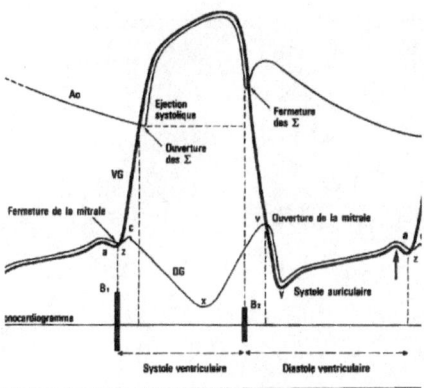

Figure 1.6: Evolution des pressions intracardiaques et leurs répercussions sur le jeu valvulaire pendant le cycle cardiaque [Baragan76].

Par contre il est bien établi, grâce aux études d'enregistrement simultané du PCG et de l'échocardiographie que la première vibration rapide du premier bruit du cœur S1 correspond à la fermeture de la valve mitrale. Pour S1 les composantes vibratoires suivantes sont liées notamment à la fermeture un peu retardée des valves tricuspides et surtout aux composantes (survenant entre 8 et 12 ms plus tard) vibratoires liées à l'ouverture des valves sigmoïdes aortiques et pulmonaires sous l'effet d'une augmentation rapide de la pression intra-ventriculaire gauche (Figure 1.6). Il en est de même pour la première composante du deuxième bruit du cœur S2 qui signe la fermeture des valves sigmoïdes aortiques avec une grande précision.

1.4.3. Les sons cardiaques pathologiques

a. Bruits surnuméraires à S1 et S2

En premier lieu, il y a lieu d'identifier les bruits surnuméraires à S1 et S2 et qui sont considérés comme pathologiques ou non en fonction de l'environnement clinique.

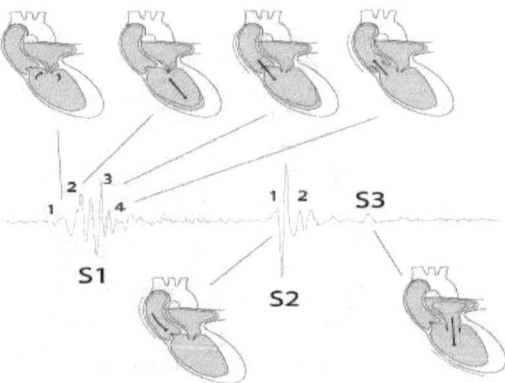

Figure 1.7 : Illustration physiologique des sons S1, S2 et S3. Seulement la partie gauche du cœur est présentée [Rushmer76].

Les bruits surajoutés aux précédents sont en général présents en diastole. Ils surviennent dans le contexte d'une insuffisance cardiaque. Les bruits surnuméraires sont en général assourdis de basse fréquence et sont liés aux sons générés par le remplissage du cœur en diastole dans ses différentes phases.

- S3 succède à S2 en général ; on le constate entre 80 et 140 ms après S2, c'est un bruit lié au remplissage rapide massif du ventricule gauche (Figure 1.7).

- S4 précède S1. Il est lié à la présence de la contraction auriculaire qui, par le remplissage ventriculaire actif qu'il provoque (de 15 à 60 % du volume de remplissage) génère ce bruit.

S3 et S4 sont générés par la distension du ventricule en fonction des volumes entrants de diastole. Il s'agit bien de bruits surnuméraires d'origine musculaire et ils sont liés aux propriétés visco-élastiques du muscle ventriculaire gauche.

Autant S4 peut se rencontrer en situation normale chez le jeune enfant, voire chez l'adolescent normal, autant la présence d'un S3 est toujours une signature d'une pathologie ventriculaire gauche avec altération sévère de l'état visco-élastique normal du ventricule. Chez l'adulte âgé, on peut voir réapparaître S4 lorsque la rigidité du muscle ventriculaire gauche augmente du fait d'une pathologie ou de la sénescence cardiaque.

Sons	Durée (ms)	Bande Fréq. (Hz)
S1	100-150	10-140
S2	70-140	10-400
S3	40-80	15-60
S4	30-60	15-45

Tableau 1.1 : les propriétés temporelles et fréquentielles des sons cardiaques S1, S2, S3 et S4.

Tableau 1.1, montre les propriétés « théoriques », concernant les durées et les bandes fréquentielles des sons cardiaques S1, S2, S3 et S4.

b. Les sons cardiaques surnuméraires diastoliques

Les bruits du cœur surnuméraires diastoliques sont liés à des pathologies valvulaires ou péricardiques. La pathologie valvulaire en cause est généralement une pathologie rhumatismale sténosante de la valve mitrale et le claquement d'ouverture du mitral est le fait des valves rigidifiées. Le claquement d'ouverture mitrale disparaît ou s'atténue avec la survenue plus tardive des calcifications des valves.

Le claquement est présent au moment de l'ouverture de la valve, donc environ 80 ms après S2. Il est ou non associé à un roulement qui suit le claquement et signe un remplissage ventriculaire gauche à travers un orifice rétréci avec une forte pression auriculaire

Les bruits surnuméraires protodiastoliques peuvent aussi être liés à la présence de maladies du péricarde. Lorsque le péricarde devient constrictif et s'oppose au remplissage du cœur en diastole, on peut entendre également en début de diastole un bruit de haute fréquence ou click qui signe le remplissage rapide contenu du ventricule et probablement la mise sous tension d'un péricarde qui en général n'est pas calcifié.

b. Les sons cardiaques surnuméraires systoliques

On peut observer de façon isolée un bruit systolique de haute fréquence rarement protosystolique après S1 beaucoup plus fréquemment méso- ou télésystolique suivi ou non d'un souffle. Le bruit ou click méso- ou télésystolique est lié à la mise en tension d'une valve mitrale dysplasique et précède le plus souvent la régurgitation valvulaire.

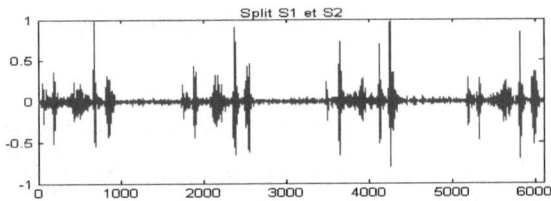

Figure 1.8 : Doublements de S1 et de S2 lié à un trouble conductif intra-ventriculaire particulièrement important (QRS 220 ms au lieu de 100 ms) générant un asynchronisme cardiaque entre ventricule gauche et droit.

La présence de bruits surnuméraires n'est pas exclusivement un phénomène diastolique. Il est possible d'avoir, dans le contexte d'une péricardite aiguë inflammatoire, un frottement d'origine péricardique présent en systole et en diastole. Il ne s'agit pas de bruits au sens propre, mais plutôt de vibrations liées à un frottement des feuillets péricardiques, audibles sous forme de léger chuintement dans les deux phases du cycle cardiaque. Ces frottements sont fugaces, leur découverte lors de l'auscultation cardiaque en apnée, est pathognomique de cette pathologie.

c. Le cas particulier des prothèses valvulaires cardiaques

Les bio-prothèses, sauf lorsqu'elles sont atteintes de pathologies dégénératives, ont en général une auscultation normale. La situation générée par les prothèses mécaniques valvulaires est tout autre. Depuis les prothèses à bille type valve de « Starr » qui pouvant très facilement être identifiées (Figure 1.9), ainsi d'ailleurs que leur lieu d'implantation, par les claquements d'ouverture et de fermeture valvulaires, les nouvelles prothèses, du fait de leur construction (clapet, ailettes) et des matériaux utilisés (titane, carbone…) ont des auscultations particulières et ont peut être une signature acoustique propre.

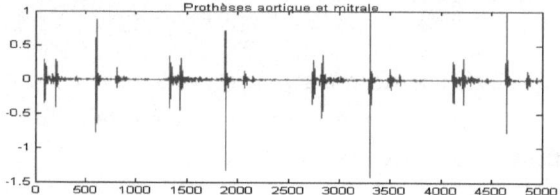

Figure 1.9 : Cet enregistrement représente l'auscultation cardiaque d'un patient avec prothèses aortique et mitrale (Starr - bille de carbone). On peut facilement distinguer la place des évènements valvulaires par les vibrations intenses qui sont générées par les mouvements de la bille.

d. Les Souffles

Les souffles cardiaques sont une conséquence d'une modification de l'écoulement des flux dans le cœur. Les flux, sauf cas particuliers, sont en général laminaires, donc l'écoulement à travers les valves auriculoventriculaires (mitrale, tricuspide) ou les valves des gros vaisseaux (sigmoïdes aortiques ou pulmonaires), reste inaudible.

La situation change lorsque s'installe une fuite valvulaire au niveau des valves auriculo-ventriculaires mitrales ou tricuspides générant une régurgitation sanguine dans l'oreillette qui a la particularité de s'installer très tôt pendant la phase de contraction du fait de l'évolution des pressions intraventriculaires et qui dure pendant toute la systole et au-delà. Le souffle qui est entendu est alors qualifié de souffle holosystolique. Son intensité est gradée par le clinicien entre 1 et 6. Le grade 1 est à peine audible, le grade 6 correspond à un souffle très fort et qui, en général, donne lieu à des vibrations perceptibles par la main sur la paroi thoracique.

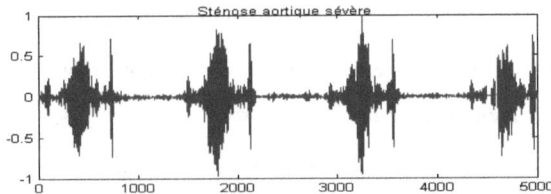

Figure 1.10 : Sujet avec une sténose aortique sévère. Le souffle survient avec décalage après la fermeture mitrale et disparaît avant la fermeture des sigmoïdes aortiques. Il a une forme losangique.

On doit cependant remarquer, en particulier pour les souffles d'éjection, que l'intensité du souffle est aussi liée au débit transvalvulaire. Ainsi, lorsque la pompe cardiaque devient défaillante, le souffle se réduit sans que la nature de la sténose n'ait varié.

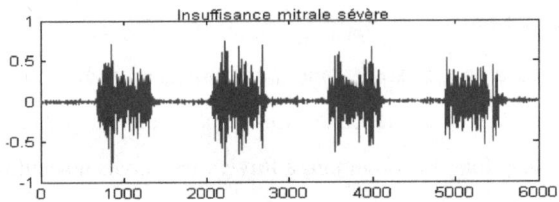

Figure 1.11 : Sujet avec une insuffisance mitrale sévère. Le souffle est présent dès la fermeture des valves mitrales, il se termine dans S2 voir après. Il est de forme plus rectangulaire.

Cette quantification a néanmoins ses limites puisque les sources acoustiques liées aux souffles d'éjection sont directionnelles et en cas de dilatation et/ou d'hypertrophie du cœur, le souffle entendu peut être minoré dans les foyers d'auscultation traditionnels.

Les souffles liés à des rétrécissements des valves d'éjection aortiques ou pulmonaires sont les souffles éjectionnels. Ils débutent plus tard au cours de la systole et se réduisent au fur et à mesure que le gradient transvalvulaire se réduit et ont alors fréquemment une forme losangique. Ils se terminent avant S2. La cotation se fait également avec l'échelle de 1 à 6 par le clinicien.

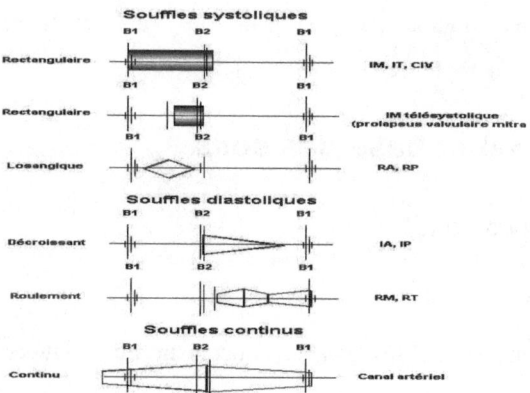

Figure 1.12: Caractérisation schématique des différentes variétés des souffles que l'on peut rencontrer pendant la révolution cardiaque (B1 et B2 correspondent à S1 et S2) [Baragan76].

Il reste la situation très fréquente des souffles d'éjection « innocents ». Ces souffles ont les mêmes caractéristiques, peuvent être très bien audibles. Ils sont liés à l'augmentation du débit sanguin à travers des orifices valvulaires normaux, une situation courante chez certains sujets émotifs. Ils sont par contre variables et disparaissent lorsque le débit du cœur se réduit.

Les souffles diastoliques relèvent d'insuffisance de coaptation des sigmoïdes aortiques ou pulmonaires. Ils sont de haute fréquence (300-800 Hz), souvent très discrets et sont présents immédiatement après S2.

On rappelle le cas particulier du rétrécissement mitral qui peut induire un bruit de roulement diastolique (débit) après le claquement d'ouverture de la valve sténosée, ce roulement se produisant pendant la diastole après l'ouverture de la valve mitrale souvent audible et marquée par un claquement.

Le cas particulier des souffles continus. Ces souffles ne sont pas très fréquents. Ils sont présents dans les deux temps du cycle cardiaque et sont liés à la présence de communications anormales entre l'aorte et l'artère pulmonaire. On les rencontre dans la persistance anormale du canal artériel, dans les fistules aorto-pulmonaires traumatiques ou dans les ruptures septales au cours d'infarctus aigus du myocarde.

1.4. Matériel et base des sons

1.4.1. Base des sons

Collecte des sons

Les sons cardiaques utilisés dans ce document pour valider les méthodes proposées, sont issus des deux études suivantes :

- L'une au niveau du CHRU de Strasbourg (PRI 4179) « Perspectives et développement d'un stéthoscope communiquant à l'ère de la télémédecine » visant à constituer une base de données d'auscultation de cœurs normaux et pathologiques (200 normaux et 200 pathologiques).

- L'autre promue par l'Agence Spatiale Européenne (ESA) et intégrée dans l'expérience CardioPsy comme outil de télémédecine dans le projet MARS 500 – IBMP Moscou, correspondant à une expérience d'isolation de 6 volontaires pendant 520 jours.

Base de test

Actuellement, la base de données de test, contient 80 sons, dont 40 normaux et 40 pathologiques. Parmi les sons normaux, il y a 20 sons qui sont issus du projet MARS500 et 20 sons qui sont collectés au CHRU de Strasbourg.

Les 40 sons pathologiques sont tous collectés au CHRU de Strasbourg. Les types des pathologies sont très variés, parmi lesquels, les souffles systoliques de différentes origines (sténose aortique et insuffisance mitrale), des cas de rétrécissement pulmonaire, insuffisance tricuspidienne et prolapsus valvulaire.

Les 80 sons correspondent à 66 sujets, les 6 sujets du projet MARS500 procurent plusieurs enregistrements.

Les sons utilisés dans cette étude ont été acquis avec un protocole d'auscultation où le patient doit s'arrêter de respirer pendant le temps d'auscultation, ce qui explique le temps d'enregistrement de chaque sujet qui varie entre 8 et 12 secondes.

C'est sur cette base de données que les outils de traitement de signaux seront validés en collaboration avec le Dr. Ch. Brandt.

1.4.2. Matériel

Stéthoscope utilisé

Nos travaux depuis le début de la thèse s'articulent autour d'un prototype de stéthoscope numérique fabriqué maintenant par la société INFRAL.

Figure 1.13: Exemple d'un prototype utilisé.

Ce stéthoscope est composé d'un microphone piézo-électrique (20-4000 Hz), d'une carte électronique pour conversion A/D et transmission Bluetooth d'un fichier son vers un périphérique de présentation qu'il s'agisse d'un PC, d'une tablette voire d'un Smartphone ou encore d'un poste de téléphonie IP permettant ainsi d'en faire un outil de télémédecine véritable.

1.4.3. Débruitage et normalisation

Le signal est acquis sous un format Wave, de fréquence d'échantillonnage 8 KHz et sur 16 bits mono, en utilisant le logiciel « Stetho.exe » développé sous licence Alcatel et utilisé jusqu'à présent dans le cadre du projet de recherche institutionnel (PRI HUS N°4179) avec l'autorisation d'Alcatel. La première phase de prétraitement consiste à sous-échantillonner le signal d'un facteur 4, soit un échantillonnage de 8 KHz à 2 KHz. Ceci est suffisant puisque la bande de fréquence des sons cardiaques se situe essentiellement entre 30 et 800 Hz, puis un filtre passe haut de fréquences de coupure de 30 Hz est appliqué pour éliminer l'effet du bruit basse fréquences collecté par les stéthoscopes prototypes.

Une phase de normalisation est appliquée avant chaque phase de traitement, afin de limiter l'effet de conditions d'auscultation variables. En supposant que $x(t)$ est le signal à traité, sa version normalisée $x_{norm}(t)$ est :

$$x_{norm}(t) = \frac{x(t)}{\max_{i}(x(i))} \tag{1.1}$$

1.5. Contributions

En vue du développement d'un outil intelligent d'analyse des données de sons cardiaques, avec un minimum d'apriori sur le patient, nos principales contributions dans le cadre de ce projet de thèse, sont les suivantes :

- Proposition de deux nouvelles méthodes de localisation des signaux cardiaques (S1 et S2) basées sur la transformée en S, et réalisation d'une étude comparative entre les différentes méthodes de la littérature (Chapitre 2).

- Une optimisation de la concentration d'énergie de la transformée en S (OSSE) pour la recherche des extrémités des sons cardiaques pour obtenir une précision plus élevées de la fenêtre de S1 et S2. Proposition d'un algorithme de recherche pour la détection des extrémités, qui intègre certains cas biomédicaux, comme le split dans S1 ou S2 (Chapitre 3).

- Validation d'un nouveau descripteur temps-fréquence pour la discrimination entre S1 et S2 (Chapitre 4).

- Conception d'une méthode originale d'extraction des vecteurs d'attributs, se basant sur la décomposition modale empirique (EMD) et sur la décomposition en valeurs singulières (SVD). Cette méthode est appliquée également à la classification des sons S1 et S2 (Chapitre 4).

- Applications de certains descripteurs issus des méthodes du traitement du signal non-linéaire, comme la méthode RQA (Reccurence Quantification Analysis) et le descripteur issu de la méthode de l'information mutuelle (AMI : Auto Mutual Information), sur la classification des signaux normaux et pathologiques en présences des souffles systoliques de différentes origines (Chapitre 4).

1.6. Organisation du document

Le corps de ce document est divisé en 3 chapitres :

1. Dans le chapitre 2, nous présentons les différentes méthodes de localisation des sons cardiaques, ensuite nous proposons deux méthodes de localisation qui sont basées sur la transformée en S. Enfin, nous réalisons une étude comparative entre les différentes méthodes présentées. (2 articles et présentations orales dans 2 conférences en 2011)

2. Dans le chapitre 3, nous nous intéressons à la problématique de détection des extrémités des sons S1 et S2. Dans un premier temps, nous abordons les différentes approches existantes dans la littérature et puis nous proposons une méthode basée sur l'optimisation de la concentration

d'énergie du domaine TF. Des mesures sur des signaux réels et des comparaisons de différentes approches et de différentes transformée TF, sont également abordées dans ce chapitre. (Un article de revue, soumis en 2011)

3. Dans le chapitre 4, nous contribuons au domaine de classification des signaux cardiaques et plus précisément, la classification entre S1 et S2 et la classification entre les cas normaux et les cas pathologiques avec souffles systoliques.

Dans un premier temps, nous validons un descripteur TF pour discriminer entre S1 et S2, et nous proposons également une méthode basée sur la décomposition modale empirique pour une classification robuste de S1 et S2 qui sera valable même dans des cas pathologiques comme la tachycardie sévère. Ensuite, nous appliquons des descripteurs non-linéaires pour quantifier la complexité de la phase systolique pour les sujets qui ont un souffle systolique et nous comparons nos résultats avec les résultats de la littérature. (Une conférence avec article accepté en 2012)

1.7. Références

Andres E; Reichert S; Gass R; Brandt C,
A French national research project to the creation of an auscultory school : the
ASAP project. Europ J Intren Med 2009, May;20(3): 323-7.

Andres E; Brandt C; Gass R; Reichert S,
New developments in the field of human auscultation. Rev Pneumol Clin 2010
Jun; 66(3)/ 209-13.

Baragan J., Fernandez F., Thiron J.M.,
Phonocardiologie dynamique, contribution des drogues vaso-actives au
diagnostic des cardiopathies. Editions J. B. Baillière, 1976.

Beya O., Bushra J., Fauvet E., and Laligant O., Lew L.,
Application de l'EMD sur des signaux cardiaques, CNRIUT- Lille, (2009).

Boutana D., Benidir M., Barakat B.
Segmentation and identification of some pathological phonocardiogram signals
using time-frequency analysis, IET Signal Process, 2011, Vol. 5, Iss. 6, pp. 527-
537, doi: 10.1049/iet-spr.2010.0013.

Charleston S., Azimi-Sadjadi M.R.,
Reduced order Kalman filtering for the enhancement of respiratory sounds,
IEEE Transactions on Biomedical Engineering 44 (October (10)) (1997) 1006–
1019.

Djebarri A., Bereksi R.F.,
Short-time Fourier transform analysis of the phonocardiogram signal, in: The
7th IEEE
International Conference on Electronics, Circuits and Systems 2000 (ICECS
2000), December, 2000, pp. 844–847.

Debbal S.M., BEREKSI-REGUIG F.
Analyse spectro-temporelles des bruits cardiaques par les transformées discrètes
et continues d'ondelettes, Sciences&Technologies (2005), pp. 5-15.

Debbal S.M., Bereksi-Reguig F.,
Computerized heart sounds analysis, Computers in Biology and Medicine 38
(2008) 263-280.

Drui S, Brandt C., Fincker JL.

Analyse chronologique des variations de vélocité de la pente ascendante du cardiogramme apexien. Arch Mal Couer 1982 ; 75 : 1277-86

Drui S. ,Brandt C. ,Fincker J.L.
Origine valvulaire ou musculaire des bruits du cœur. Ann. Cardiol . Angéiol. , 1983 ,32 (n°4),247-252.

Gupta C.N., Palaniappan R., Swaminathan S., Krishnan S.M.,
Neural network classification of homomorphic segmented heart sounds, Applied Soft Computing 7 (January (1)) (2007) 286–297.

Hoglund K., Ahlstrom C., Haggstrom J., Ask P., Hult P, and Kvart C.,
Time-frequency and complexity analysis – a new method for differentiation of innocent murmurs from heart murmurs caused by aortic stenosis in boxer dogs. A J Vet Res, 68:962–969, 2007.

Kim D. and M. E. Tavel.,
Assessment of severity of aortic stenosis through time-frequency analysis of murmur. Chest, 124:1638–1644, 2003.

Liang H., Lukkarinen S., Hartimo I.,
Heart sound segmentation algorithm based on heart sound envelogram, Computers in Cardiology 24 (September) (1997) 105–108.

Messer S.R., Agzarian J., Abbott D.,
Optimal wavelet denoising for phonocardiograms, Microelectronics Journal 32 (December (12)) (2001) 931–941.

Moukadem A., Dieterlen A., Hueber N., Brandt C.,
Localization of heart sounds based on S-transform and radial basis functions, 15TH Nordic-Baltic conference on biomedical engineering and medical physics (NBC 2011) IFMBE Proceedings, 2011, Volume 34, 168-171, doi: 10.1007/978-3-642-21683-1_42.

Moukadem A., Dieterlen A., Brandt C.,
Study of two feature extraction method to distinguish between the first and the second heart sounds, International conference on bio-inspired systems and signal processing, 1-4 February 2012 (Accepted).

Moussavi Z., Flores D., Thomas G.,

Heart Sound Cancellation Based on Multiscale Products and Linear Prediction, Proceedings of the 26th Annual International Conference of the IEEE EMBS San Francisco, CA, USA • September 1-5, 2004.

Robert F. Rushmer.
Cardiovascular dynamics. Saunders, London, 4. edition, 1976.

Sejdic E. and J. Jiang,
Comparative study of three time-frequency representations with applications to a novel correlation method, in Proceedings of the IEEE International Conference on Acoustics, Speech and Signal Processing (ICASSP '04), vol. 2, pp. 633–636, Montreal, Quebec, Canada, May 2004.

Sinha R. K., Aggarwal Y., and Das B. N.,
Backpropagation artificial neural network classifier to detect changes in heart sound due to mitral valve regurgitation. J Med Syst, 31(3):205–209, 2007.

Tinati M.A., Bouzerdoum A., Mazumdar J.,
Modified adaptive line enhancement filter and its application to heart sound noise cancellation, in: Proceeding of the International Symposium on Signal Processing and its Applications (ISSPA), 2, 1996, pp. 815–818.

Vepa J.,
Classification of heart murmurs using cepstral features and support vector machine, Engineering in medicine and biology society, Annual international conference of the IEEE, EMBC 2009.

Chapitre 2.

Localisation des Signaux Cardiaques

2.1. Introduction

La phase de Localisation des Signaux Cardiaques (LSC) consiste à localiser temporellement le premier et le deuxième son cardiaque (S1 et S2). C'est l'une des premières phases avant la segmentation. La phase de segmentation consiste à diviser le signal cardiaque en quatre parties : S1, systole, S2 et diastole. Cela facilite la tache de classification en apportant au clinicien et au système de classification automatique, des informations qualitatives et quantitatives sur les différentes composantes du signal.

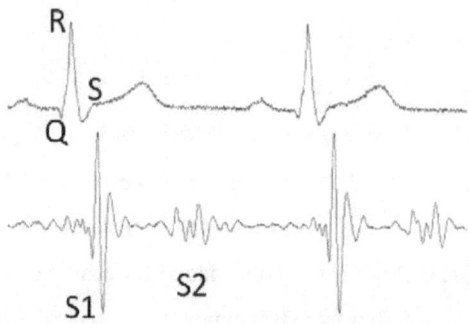

Figure 2.1 : Signal ECG (en haut) et PCG (en bas) pour un sujet normal

Les méthodes de localisations comme la segmentation, peuvent être divisés en deux groupes :

- Méthodes indirectes, qui nécessitent l'aide du signal ECG (ElectroCardioGramme) en se basant sur le fait que S1 se situe après un certain intervalle de temps du complexe QRS, qui à son tour peut être facilement détecté automatiquement (Figure 2.1).

- Méthodes directes qui ne nécessitent pas l'aide de l'ECG et qui s'appliquent directement au signal PCG.

On s'intéresse pendant ce travail de thèse au deuxième groupe des méthodes LSC, parce qu'il ne nécessite pas de source d'information supplémentaire sur le patient, ceci permet des mesures moins intrusives.

La principale approche utilisée dans les méthodes LSC directe, est l'extraction de l'enveloppe d'amplitude. Le but est de maximiser la distance entre les sons cardiaques et les autres sons qui correspondent aux bruits de diverses origines (bruits pathologiques, bruits ambiants, bruits pulmonaires, frottement du stéthoscope, position du patient ...). Pour cela, les transformations mathématiques appliquées peuvent être classifiées en quatre groupes [Ahlstrom08] :

- transformations temporelles et morphologiques.
- transformations fréquentielles.
- transformations temps-fréquence.
- transformations basées sur la complexité du signal.

La plupart des algorithmes LSC, suivent le processus expliqué dans la figure 2.2 ; après l'acquisition et le filtrage du signal PCG, la transformation qui génère la mesure de distance, et qui est le cœur des méthodes LSC, est appliquée pour mettre en exergue les composantes principales du signal, puis un filtre de lissage est appliqué afin d'éliminer les composantes hautes fréquences (si nécessaire). Enfin, un seuil et un algorithme de détection des maxima locaux sont appliqués sur l'enveloppe du signal, afin de détecter S1 et S2.

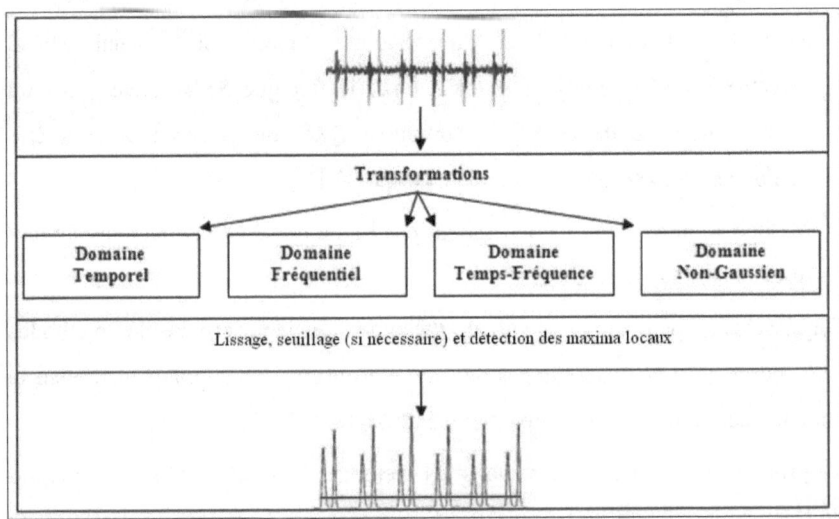

Figure 2.2 : Principe des méthodes de localisation directes des sons cardiaques.

Dans ce chapitre, nous commençons par la présentation des principales méthodes LSC (directe) qui existe dans la littérature, ensuite nous présentons deux nouvelles méthodes dans ce contexte.

La dernière partie de ce chapitre, est dédiée à une étude comparative entre les différentes méthodes issues de l'état de l'art et les méthodes proposées. Les détails paramétriques, comme la taille de fenêtre d'analyse, le seuil choisi, ..., seront discutés ultérieurement selon chaque méthode.

2.2. Transformations temporelles

2.2.1. Energies temporelles du signal

Nous citons au dessous, quelques transformations qui s'intéressent à l'énergie du signal $x(t)$ dans le domaine temporel:

- « Entropie de Shannon » :

$$E = -|x(t)| . \log|x(t)| \tag{2.1}$$

- La valeur absolue :

$$E = |x(t)| \tag{2.2}$$

- L'énergie du signal :

$$E = x^2(t) \tag{2.3}$$

- L'énergie de Shannon:

$$E = -x^2(t) . \log(x^2(t)) \tag{2.4}$$

Nous notons que le terme « entropie » n'est pas précis dans ce contexte puisque le calcul réalisé est appliqué directement sur le signal sans estimation de la densité de probabilité. En plus le terme « énergie » est utilisé en un sens imagé (sauf pour l'équation 2.3). Le terme Shannon se réduit à l'utilisation de terme 'log' dans le calcul.

Dans la figure 2.3, les 4 « énergies » en fonction du signal d'entré d'amplitude normalisée sont comparées. L'énergie et la valeur absolue montre une amplification monotone croissante, ayant pour résultante une mise en exergue identique pour le signal et le bruit. « L'entropie de Shannon » valorise les faibles variations du signal. Alors que l'énergie de Shannon met en exergue les amplitudes moyennes du signal dans laquelle est contenue l'information utile et l'énergie des petites et grandes amplitudes est réduite. Ceci est très intéressant dans le contexte des méthodes de localisation des sons cardiaques.

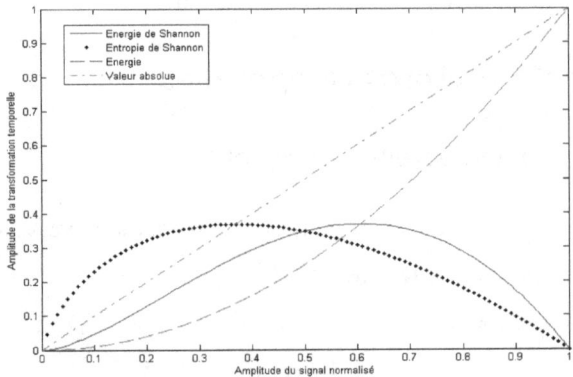

Figure 2.3 : variations des différentes transformations temporelles.

2.2.2. Enveloppe de Shannon

La moyenne de l'énergie de Shannon du signal numérique est:

$$E_i = -\frac{1}{N}\sum_{i=1}^{N} x^2(i).\log(x^2(i)) \qquad (2.5)$$

L'enveloppe de Shannon peut être calculée en deux manières :

1 En appliquant une fenêtre glissante de longueur 20 ms, correspondant à N=40 échantillons (si la fréquence d'échantillonnage est de 2 KHz) avec un taux de chevauchement de 50 %. L'enveloppe de Shannon ou l'énergie moyenne normalisée de Shannon du signal, est calculée de cette façon [Liang97] :

$$P = \frac{E_i - M(E)}{S(E)} \qquad (2.6)$$

Avec E_i est la moyenne de l'énergie de Shannon dans la fenêtre i et $M(E)$ est la moyenne des E_i calculés, et $S(E)$ est son écart-type.

2 En appliquant la transformation de Shannon sur chaque échantillon du signal (sans fenêtrage), dans ce cas la valeur de N est égale au nombre d'échantillons du signal $x(t)$.

La sortie sera filtrée (lissée) par un filtre passe bas, par exemple un Butterworth du 5ème ordre et de fréquence de coupure de 30 Hz (Réf. Chapitre1).

Nous adoptons dans ce document la deuxième solution ; en général, lorsqu'il y a un taux de chevauchement assez important entre deux fenêtres consécutives cette solution est préférable [Ahlstrom08]. Par rapport aux autres méthodes développées par la suite, celle ci adopte la même stratégie. Un seuil de 30 % de la valeur maximale de l'enveloppe est utilisé.

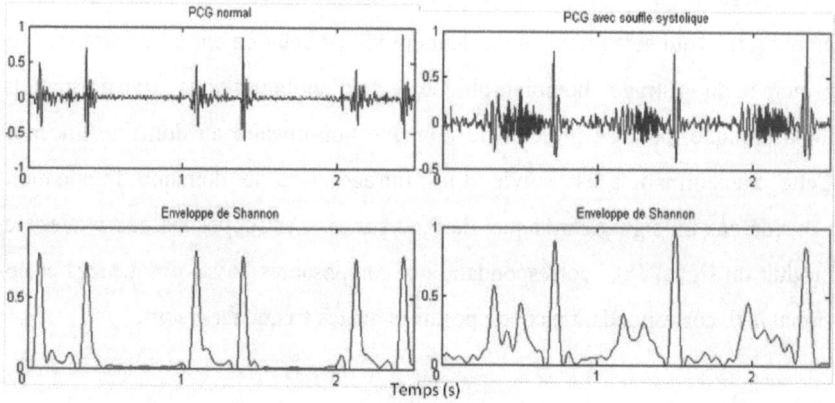

Figure 2.4 : L'enveloppe de Shannon normalisé d'un PCG normal (à gauche) et pathologique (à droite).

L'inconvénient de ce type de transformations, en présence de souffles et de murmures dans les signaux cardiaques, est qu'elles introduisent dans l'enveloppe extraite, des maximas qui correspondent aux souffles et murmures, ce qui n'est pas adéquat pour une méthode LSC où le but est de localiser uniquement le premier et le deuxième son cardiaque (Figure 2.4).

2.3. Transformations fréquentielles

Nous présentons dans cette section, trois transformations en vue de la LSC, utilisées dans le domaine et qui sont basées sur le domaine fréquentiel du signal (figure 2.2).

2.3.1. Filtrage homomorphique

Le filtrage homomorphique est un filtre assez connu en traitement d'images [Gonzalez02] qui vise à séparer les caractéristiques de l'image en deux composantes qui se combinent par leurs produits: éclairement et réflectance. Le principe du filtrage homomorphique est d'appliquer une transformation logarithmique, pour se projeter du domaine non-linéaire au domaine linéaire. Cette transformation est suivie d'un filtrage dans le domaine fréquentiel. Considérons un signal cardiaque, désigné par *x(t)*, et supposons que *x(t)* est le produit du signal *l(t)*, correspondant aux composantes basses fréquences et du signal *h(t)*, correspondant aux composantes hautes fréquences, soit :

$$x(t) = l(t).h(t) \tag{2.7}$$

Pour ramener l'équation () au domaine linéaire (additif) :

$$\ln(x(t)) = \ln(l(t)) + \ln(h(t)) \tag{2.8}$$

Considérons L, un filtre passe bas, on obtient :

$$x_l(t) = L[x(t)] \tag{2.9}$$

Vu que L est linéaire, on en déduit :

$$x_l(t) = L[\ln(l(t)] + L[\ln(h(t)] \approx \ln(l(t)) \tag{2.10}$$

En appliquant une exponentielle dans les deux sens, on obtient :

$$e^{x_l(t)} \approx e^{\ln(l(t))} = l(t) \tag{2.11}$$

Le signal *l(t)* représente l'enveloppe du signal *x(t)*. Normalement, les sons cardiaques S1 et S2 sont censés contribuer aux composantes basses fréquences du signal *l(t)*, alors que les souffles et les murmures contribuent aux composantes hautes fréquences du signal *x(t)*. Ceci ne sera vérifié que si les paramètres du filtre passe-bas sont bien choisis.

Gupta *et al.*, utilisent un filtre passe-bas de Tchebychev avec une fréquence de coupure de 20 Hz. La valeur maximale de l'enveloppe est détectée, tous les autres maxima qui ont des valeurs supérieures à 35% de la valeur maximale sont considérés comme des sons cardiaques [Gupta07].

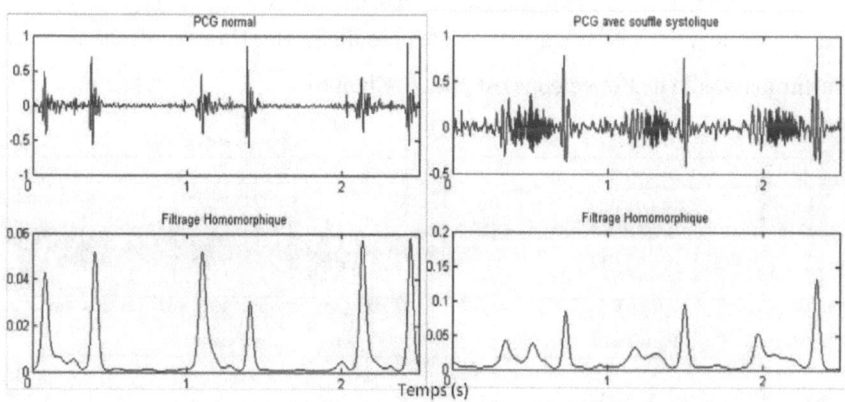

Figure 2.5: Filtrage homomorphique d'un PCG normal (à gauche) et pathologique (à droite).

2.3.2. Enveloppe de Hilbert

Considérons un signal réel *x(t)*, sa transformée de Hilbert est définit par :

$$H[x(t)] = \frac{1}{\pi} \int_{-\infty}^{+\infty} \frac{x(\tau)}{\tau - t} d\tau = x(t) * \frac{1}{\pi t} \qquad (2.12)$$

C'est le produit de convolution du signal *x(t)* avec la fonction *1/πt*, autrement dit, *H[x(t)]* est en quadrature avec *x(t)*. La partie imaginaire du signal analytique $x_a(t)$ associé au signal *x(t)* n'est que la transformée de Hilbert de *x(t)*. Le signal analytique $x_a(t)$, correspond au signal *x(t)* auquel sont retirées les composantes fréquentielles négatives, et peut s'écrire de cette façon :

$$x_a(t) = x(t) + jH[x(t)] = A(t)e^{j\varphi(t)} \qquad (2.13)$$

Avec $A(t)$, l'amplitude du signal analytique $x_a(t)$, qui est l'enveloppe du signal $x(t)$ appelée l'enveloppe de Hilbert. Elle est définie par :

$$A(t) = \sqrt{x^2(t) + H[x(t)]^2} \qquad (2.14)$$

Une moyenne glissante est appliquée dans [Samjin08] pour enlever les vibrations hautes fréquence dans l'enveloppe. Nous utilisons dans ce document, comme alternative de la moyenne glissante, un filtre passe bas de Butterworth du $5^{\text{ème}}$ ordre, avec une fréquence de coupure de 30 Hz. Un seuil de 30 % de la valeur maximale de l'enveloppe est utilisé [Choi06].

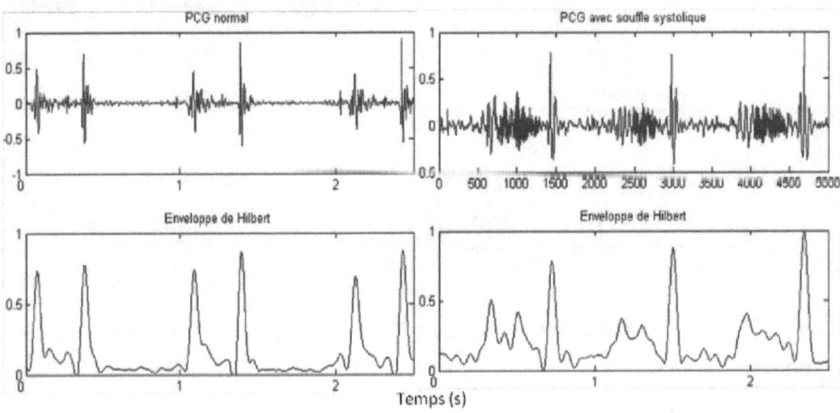

Figure 2.6: Enveloppe de Hilbert d'un PCG normal (à gauche) et pathologique (à droite).

2.3.3. Système oscillant à un degré de liberté (CSCW)

Une autre approche basée sur le domaine fréquentiel, consiste à modéliser un système oscillant à un degré de liberté pour extraire l'enveloppe du signal cardiaque [Jiang06]. Le signal cardiaque $x(t)$ est considéré comme un entré à un système oscillant où le sortie est censé d'extraire l'enveloppe qui contient les oscillations qui ne sont que S1 et S2.

Considérons que m, C_h et K_h sont respectivement : la masse, le coefficient d'oscillation et la raideur du ressort (figure 2.7). La sortie η du système oscillant est donnée par l'équation différentielle suivante :

$$m\ddot{\eta} + C_h\dot{\eta} + K_h\eta = x \qquad (2.15)$$

Supposons que $\bar{S} = \pm|S/m|$, $p = \sqrt{k_h/m}$ et $\xi = C_h/2\sqrt{mK_h}$, l'équation (2.15) devient :

$$\ddot{\eta} + 2\xi p\dot{\eta} + p^2\eta = \bar{x} \qquad (2.16)$$

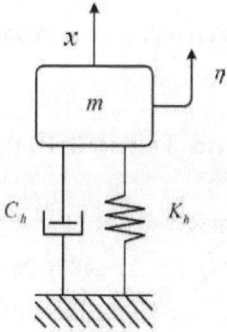

Figure 2.7 : Système oscillant à un degré de liberté pour l'extraction de l'enveloppe du signal cardiaque x(t) [Jiang06].

Avec p et ξ les paramètres qui sont respectivement liés à la fréquence de résonance et le coefficient d'oscillation. Ces paramètres contrôlent les caractéristiques de l'enveloppe de sortie. Dans le papier de Jiang *et al.*, p est fixée à 10Hz et ξ à 70.7%, nous reprenons la même valeur de ξ et nous fixons expérimentalement p à 3 Hz.

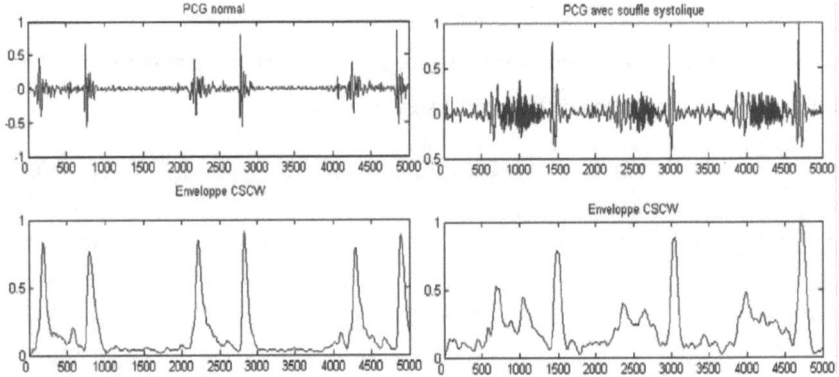

Figure 2.8: Enveloppe CSCW d'un PCG normal (à gauche) et pathologique (à droite).

2.4. Transformations Temps-Fréquence (TF)

Plusieurs méthodes de LSC basées sur des transformations TF ont été décrites dans la littérature [Moussavi04], [Pourazad06]. Nous présentons celle qui a fait preuve de bonnes performances sur des signaux cliniques (réels).

2.4.1. Produit multi-échelles

L'une des propriétés les plus importantes des ondelettes est la localisation de régularité locale d'une fonction ; Meyer a déjà montré que la décroissance des coefficients d'ondelettes le long des échelles est caractéristique de la régularité Lipschitzienne d'un signal [Meyer92]. Une fonction est uniformément Lipshitzienne d'ordre $\alpha \leq r$ sur un intervalle [a,b], si et seulement si, il existe une constante K telle que pour tout $x \in [a, b]$ on a :

$$\left| W_j f(x) \right| \leq K(2^j)^\alpha \qquad (2.17)$$

Avec W_j est le coefficient d'ondelete de la fonction $f(x)$ à l'échelle j. Cela signifie que la distance entre les composantes du signal, qui sont régulières naturellement, et le bruit du fond va augmenter avec l'échelle de l'analyse multi-résolution. Cette propriété est très utile dans le contexte de localisation des signaux cardiaques, qui vise à mettre en avant les composantes principales du signal PCG (S1 et S2). Moussavi *et al.*, ont utilisé cette propriété pour localiser les sons cardiaques dans les sons pulmonaires [Moussavi04]. La transformée d'ondelette discrète du signal pulmonaire est calculée par l'ondelette mère, « Symlet5 ». Le produit des coefficients d'ondelettes est donnée par :

$$P_j(n) = \prod_{i=1}^{j} W_i \{ f(n) \} \tag{2.18}$$

Avec W_i est le coefficient d'ondelette à l'échelle i et $f(n)$ le signal PCG et j est le niveau désiré de décomposition, il est normalement fixé à 3. Le signal obtenu est filtré par un filtre passe bas de Butterworth du $5^{\text{ème}}$ ordre avec une fréquence de coupure de 20 Hz. Nous n'utilisons pas un seuil pour cette méthode (enveloppe très discriminatif).

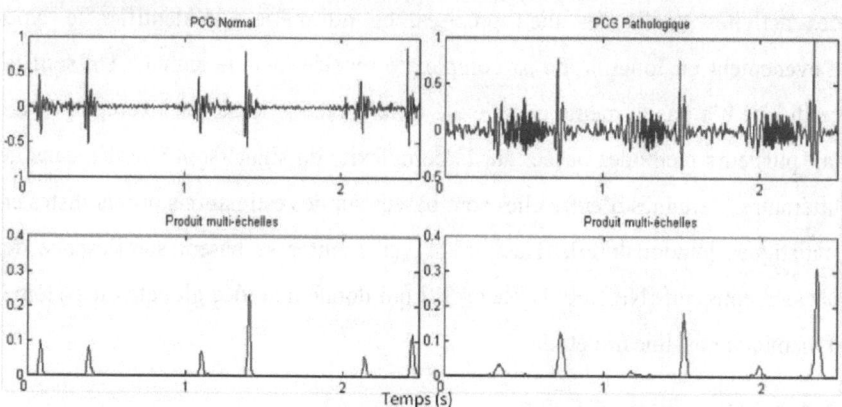

Figure 2.9: Produit multi-échelles d'un PCG normal (à gauche) et pathologique (à droite).

2.5. Transformations basée sur la complexité du signal

Cette famille de transformations s'intéressent à la dynamique complexe du système étudié. On peut dire qu'un système est simple si sa dynamique est régulière (périodique) et qu'il peut être décrit par quelques variables. C'est également le cas pour un système dynamique qui est totalement aléatoire où on peut le considérer comme simple. C'est entre ces deux extremums, lorsque le système est un mixte des événements réguliers et aléatoires, qu'on peut parler de complexité maximum ou d'un « peak » de complexité [West06].

Un signal cardiaque décrit une partie de l'activité mécanique du cœur qui peut être considéré comme une sorte de systèmes dynamiques non-linéaires [Golberger00]. Les différentes composantes du signal cardiaque correspondent à des activités cardiaques bien précises, ce qui permet d'identifier le type d'événement en fonction de sa complexité révélée dans le signal. Un souffle cardiaque n'a pas la même complexité qu'un son S1 ou S2 par exemple, de ce fait plusieurs méthodes basées sur la complexité du signal sont abordés dans la littérature. Certaines d'entre elles sont basées sur des estimations probabilistes et statistiques [Yadollahi06], [Hasfjord04], et d'autres se basent sur l'espace de phase reconstruit [Nigam05], [Rezek98] qui donne une idée globale du système dynamique non-linéaire étudié.

2.5.1. Dimension fractale

La dimension fractale est une mesure physique qui donne une idée sur la complexité géométrique du signal. Une ligne par exemple c'est un objet 1D, un carré c'est un objet 2D. La dimension d'une série temporelle se situe quelque part entre 1 et 2 ; elle est plus compliquée qu'une simple ligne et n'arrive jamais à couvrir la dimension d'un carré.

Différentes méthodes existent pour calculer la dimension fractale d'une série temporelle [Esteller01]. La méthode choisie dans ce document est basée sur la variance de séries temporelles qui a montré sa robustesse vis-à-vis du bruit [Kinsner94]. La dimension fractale basée sur la variance du signal (*VFD*) est calculée avec l'exposant de Hurst H :

$$VFD = E + 1 - H \qquad (2.19)$$

E c'est la dimension euclidienne qui est égale à 1 dans le cas d'un signal cardiaque. Le calcul de l'exposant de Hurst H, dérive des propriétés du mouvement brownien fractionnaire. La notion de mouvement brownien fractionnaire a été introduite par Mandelbrot *et al.* et constitue une généralisation du mouvement brownien où la variance des accroissements est proportionnelle à l'intervalle de temps considérée [Mandelbrot68]. La loi d'échelle est donnée par :

$$Var\left[(\Delta x)_{\Delta t}\right] \approx \Delta t^{2H} \qquad (2.20)$$

Avec $\Delta t = |t_2 - t_1|$ et $(\Delta x)_{\Delta t} = x(t_2) - x(t_1)$ où $x(t)$ représente le signal cardiaque dans notre cas. L'exposant de Hurst peut s'écrire alors de cette façon :

$$H = \lim_{\Delta t \to 0} \left[\frac{1}{2} \frac{\log_b\left[Var(\Delta x)_{\Delta t}\right]}{\log_b(\Delta t)} \right] \qquad (2.21)$$

Une fenêtre glissante de taille $N_T = 100 \ ms$ (taille moyenne de S1&S2) est appliquée avec un taux de chevauchement de 50% comme dans [Carvalho05] et la VFD est calculée à chaque pas sur différentes échelles $\Delta t_{k=t_{i+k}-t_i}$, k est choisi de telle façon que chaque fenêtre contienne $N_k = N_T/k$ incrémentations de Δt_k, où N_k doit être supérieur à 30 pour des raisons statistiques et en même temps k doit garantir une séparation raisonnable des échantillons pour Δt_k [Kinsner94]. La valeur du seuil est fixée à $\mu + 0.4 * \sigma$ [Ahlstrom08], avec μ est la moyenne de l'enveloppe d'amplitude et σ son écart-type.

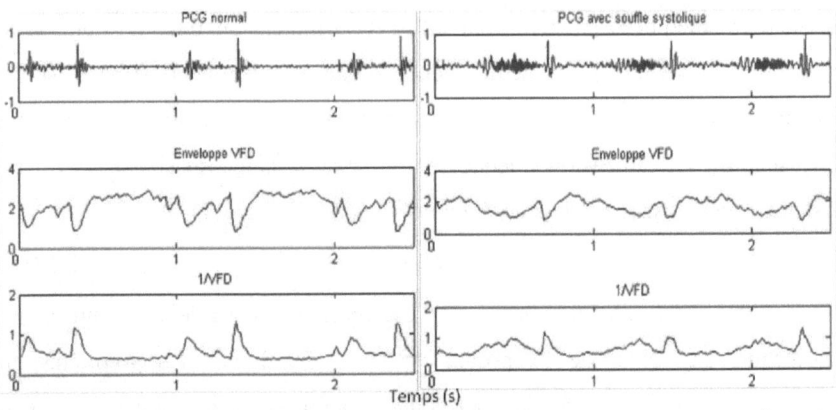

Figure 2.10: Enveloppe VFD pour un PCG normal (à gauche) et pathologique (à droite).

2.5.2. Entropie

L'entropie est une mesure statistique issue de la théorie de l'information. Elle est introduite par Shannon pour quantifier l'information contenue dans chaque message émis dans le contexte de la communication entre une source et un récepteur. On considère que la rareté d'un certain événement contient plus d'informations et inversement, la survenue d'un événement certains n'apporte aucune information. La quantité d'information dépend de la distribution de probabilité d'un événement x particulier qui est le signal PCG dans notre cas. L'entropie peut être vue comme la quantité d'information moyenne qu'on obtient pour un échantillon du signal x qui a une densité de probabilité p, cela donne une idée sur la complexité du signal ; plus le signal est complexe plus l'entropie est élevé et vis versa. L'entropie de Shannon d'un signal x est donné par :

$$H(p) = -\sum_{i=1}^{N} p_i \log p_i \qquad (2.22)$$

Plusieurs méthodes existent dans la littérature pour estimer la densité de probabilité d'un signal discret [Merit94], [Silverman86], [Donoho96]. En général, les méthodes d'estimation de densité de probabilités, peuvent être divisées en méthodes paramétriques et méthode non-paramétriques. Les inconvénients des méthodes paramétriques c'est qu'elles sont fondées sur l'hypothèse de l'existence d'un modèle, ce qui pose un problème lorsqu'on ne connait pas la loi des observations. Pour les méthodes non paramétriques, l'une des plus simples, c'est la méthode de l'histogramme, par contre, ses performances se détériorent lorsque le nombre des échantillons est limité. Pour cela un estimateur à noyau, par exemple, est souhaitable dans ce type de problèmes. Yaddoulahi *et al.*, pour localiser les sons cardiaques dans les sons pulmonaires [Yaddoulahi06], utilisent l'estimateur à noyau suivant :

$$\hat{p}(x) = \frac{1}{N}\sum_{i=1}^{N}\frac{1}{h}K(\frac{x-X_i}{h}) \qquad (2.23)$$

Avec un noyau normal $K(x) = (1/2\pi)e^{\frac{-x^2}{2}}$ et un facteur d'échelle $h = 1.06\hat{\sigma}(x)N^{-0.2}$, où $\hat{\sigma}$ est l'écart type des observations et N le nombre des observations (échantillons).

L'entropie de Shannon est calculée à partir d'une fenêtre glissante de taille 20ms (50 échantillons) avec 50% de taux de chevauchement et un seuil adaptatif de valeur fixée par la moyenne plus l'écart type de l'entropie ($\mu+\sigma$).

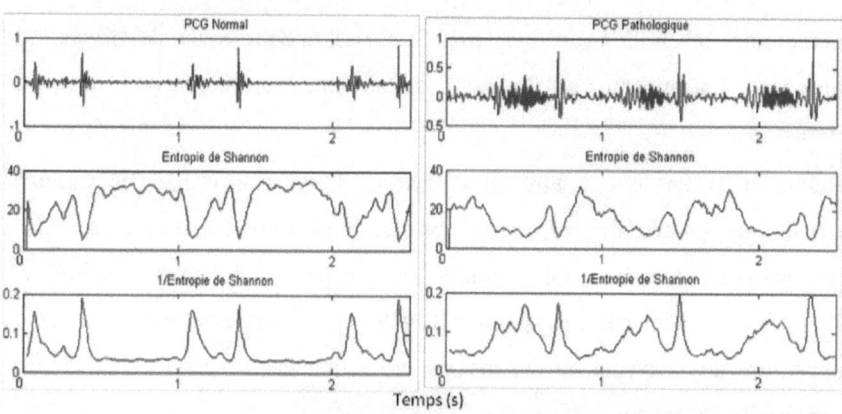

Temps (s)

49

Figure 2.11: l'entropie de Shannon et son inverse pour un PCG Normal (à gauche) et pathologique (à droite).

2.5.3. Spectre singulier de la matrice de l'état des phases reconstruit

Cette méthode est basée sur l'espace de phase et non pas sur les échantillons du signal temporels comme les deux méthodes précédentes. L'espace de phase décrit l'évolution des systèmes dynamiques non-linéaires. En fonction du temps, le système évolue d'un état à un autre en décrivant une trajectoire qui donne une interprétation géométrique de la dynamique du système. Si la trajectoire suit un modèle spécifique, on peut le considérer comme un attracteur. La transition entre deux états successives peut être décrit par :

$$s(t+1) = \phi(s(t)) \tag{2.24}$$

Avec $s(t)$ est l'état du système à un instant t et ϕ est la fonction de transition qui est définit dans $M \longrightarrow M$ où M est la dimension de l'état de phase originel qui contient les états originels $s(t)$ du système.

Considérons que la seule information disponible sur le système étudié (cœur humain dans notre cas) est une série temporelle qui correspond à un signal PCG, $x(t)$. On peut dire alors que $x(t) = h(s(t))$ avec $h : M \longrightarrow R$ et $t=1,...,N$ où N est le nombre des échantillons du signal $x(t)$. Si $x(t)$ est une projection de M vers R, la question est la suivante : est-il possible de faire une projection inverse de $x(t)$ de R vers M ?

Ruelle et Takens ont montré qu'à partir de l'évolution d'une des variables dynamiques du système, $x(t)$ dans notre cas, on peut construire un espace qui a les mêmes propriétés topologiques de l'espace de phase originel via l'introduction d'un délai temporel τ [Ruelle71]. La stratégie employée est de construire des vecteurs de dimensions m de données successives de la série temporelle $x(t)$ tel que :

$$X_n = (x_n, x_{n+\tau}, ..., x_{n+(m-1)\tau})$$ (2.25)

Le délai fixé τ est choisi comme un entier multiple du pas d'échantillonnage. L'entier *m,* qui est la dimension de l'espace de phase reconstruit, est également appelé la dimension du plongement. Le choix des paramètres τ et *m* est crucial pour l'analyse des données (Chapitre 4). La matrice de l'espace de phase reconstruit peut être écrite de la façon suivante :

$$X = \begin{pmatrix} x(1) & x(1+\tau) & \cdots x(1+(m-1)\tau) \\ x(2) & x(2+\tau) & \cdots x(2+(m-1)\tau) \\ \vdots & \vdots & \ddots \quad \vdots \\ x(N-(m-1)\tau) & x(N-(m-1)\tau+1) & \cdots \quad x(N) \end{pmatrix}$$ (2.26)

La matrice de variance-covariance du système est définit par :

$$C = X^T X$$ (2.27)

Les valeurs propres de la matrice *C (m×m)* sont les valeurs singulières, appelons les λ_j , qui constituent une nouvelle base orthonormée de l'espace de phase. Normalement la complexité du système dynamique est révélée dans le spectre singulier calculé à partir de la matrice de l'espace de phase reconstruit [Rezek98]. On peut quantifier cette complexité en mesurant l'entropie du spectre singulier. Les valeurs singulières sont normalisés tel que :

$$\hat{\lambda}_j = \frac{\lambda_j}{\sum_{k=1}^{m} \lambda_k}$$ (2.28)

Avec *j=1,...,m,* l'entropie est donné par :

$$H = -\sum_{k=1}^{m} \hat{\lambda}_k \log \hat{\lambda}_k$$ (2.29)

En choisissant un logarithme à base 2, l'entropie devient :

$$\Omega = 2^H$$ (2.30)

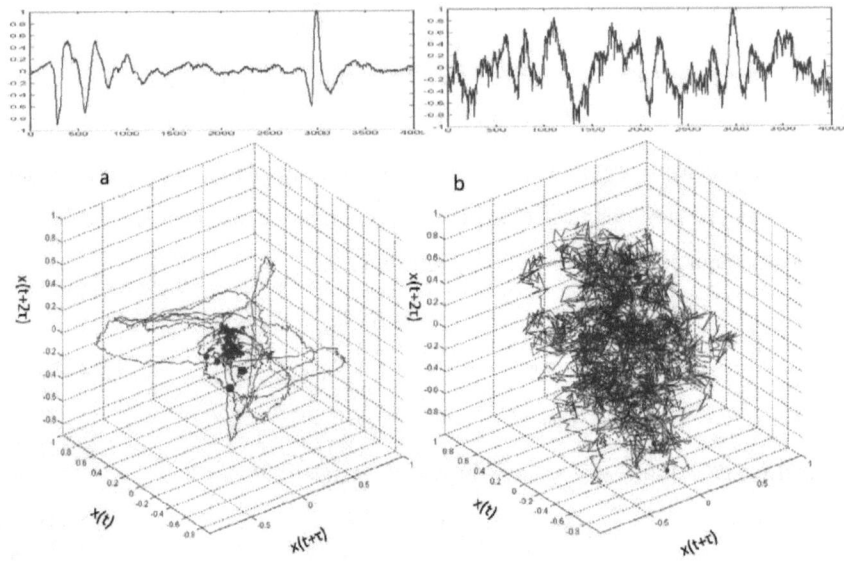

Figure 2.12 : Les états de phases (m=3 et τ =66) pour un signal PCG avec S1 et S2 (a) et un signal qui représente la phase diastolique sans S1 et S2 (b)

Normalement les sons cardiaques S1 et S2 devront avoir plus de régularité que la phase systolique et diastolique (figure 2.12), cela signifie moins de complexité et plus de « simplicité ». On peut décrire alors la simplicité de la façon suivante :

$$S = \frac{1}{\Omega} \qquad (2.31)$$

Nigam *et al.*, dans le cadre de l'extraction de l'enveloppe du signal PCG, calculent la simplicité S_i du signal, dans une fenêtre de taille N fixé à 25 ms. Le pas d'avancement est d'un échantillon, la dimension *m* est fixée à 6 et le délai τ à 1 [Nigam05].

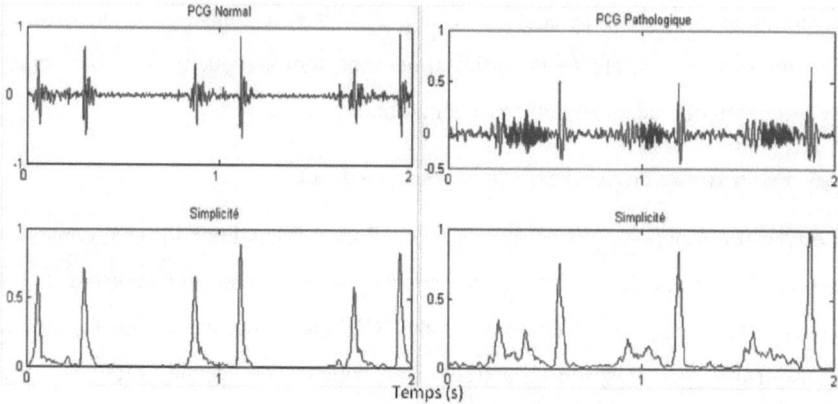

Figure 2.12 : l'enveloppe de Simplicité pour un PCG normal (à gauche) et un PCG pathologique (à droite).

2.6. Nouvelles Méthodes

2.6.1. Méthode RBF

Motivations

L'idée initiale était de tester les performances des réseaux de neurones pour l'extraction de l'enveloppe, dans le but de maximisation de distance entre les sons cardiaques et les autres sons. Les réseaux de neurones sont largement utilisés dans le cadre de classification des sons cardiaques [Olmez03], [Yan06], [Higuchi06], mais ils n'ont jamais été utilisés dans le cadre d'extraction de l'enveloppe des signaux cardiaques. Le choix des réseaux RBF se base sur sa rapidité et son efficacité dans les problèmes de discrimination [Mokhlessi10]. En outre, le concept de la distance, est fortement présent dans l'approche d'extraction de l'enveloppe des signaux cardiaques, qui peut être vu comme la distance entre deux classes où chacune contient des composantes différentes du signal qu'on cherche à discriminer. Les réseaux de neurones à bases radiales, utilisent habituellement des fonctions d'activations gaussiennes qui sont activées

53

en fonction de la distance entre le vecteur d'entré et le centre de la gaussienne. Si cette distance est élevée la sortie du neurone sera presque nulle et vis versa, ce qui parait être adapté à notre problématique.

Le réseau à fonction de base radiale

Le réseau à fonction de base radiale RBF (Radial Basis Function) est constitué essentiellement de deux couches; une couche cachée et une couche de sortie. La couche cachée est constituée des neurones RBF qui réalisent une transformation non-linéaire de l'espace d'entrée. La couche de sortie effectue une transformation linéaire des sorties de la couche cachée. Chaque neurone dans la couche cachée, calcule la distance entre le centre du noyau gaussien et le vecteur d'entré. La sortie du neurone est d'autant plus importante que l'entrée est plus proche de son centre, et tend vers zéro lorsque cette distance devient plus importante.

La sortie du réseau est donnée par :

$$y = w_0 + \sum_{i=1}^{n} w_i \phi(\|x - c_i\|) \qquad (2.32)$$

Le noyau gaussien est donné par :

$$\varphi(n) = e^{\frac{-n^2}{2\sigma}} \qquad (2.33)$$

Avec $x(t)$ est le vecteur d'entré, $\|.\|$ est la distance euclidienne, c_i est le centre du $i^{ème}$ neurone, σ le coefficient d'étalement, w_i est le poids du neurone et w_0 c'est le biais.

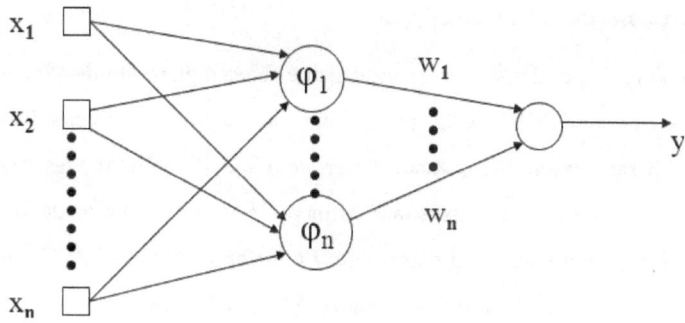

Figure 2.15 : Architecture du réseau RBF.

L'apprentissage de réseau RBF vise à déterminer : le nombre n des neurones dans la couche cachée, les centres c_i, les coefficients d'étalements σ_i, les poids w_i et le biais w_0. Le nombre de neurones n et les centres c_i sont intiment liées. Deux cas peuvent se présenter [Bentoumi04] :

- Le nombre de neurones RBF est choisi égal au nombre d'exemples soumis au réseau, s'il n'est pas trop grand. Les centres sont alors placés sur toutes les observations de la base d'apprentissage. C'est le cas utilisé dans ce document, vu le petit nombre des exemples d'apprentissages utilisés.

- Si N est grand, le positionnement des centres et le choix de leur nombre est un problème de clustering et plusieurs techniques peuvent être utilisées, citons par exemple, la méthode de K-means [Dreyfus02], la quantification vectorielles (LVQ) [Raudys01], la méthode « Orthogonal Least Square » (LOS) [Chen91].

Une fois les centres choisis, il faut déterminer les coefficients d'étalements σ_i, qui peuvent être choisis empiriquement (dans ce document σ_i sont fixées à 2) ou par certaines règles en fonction de la distance maximale obtenue par deux centres et le nombre des neurones [Pizzaro02], [Schwenker01].

Lorsque les centres et les coefficients d'étalements sont fixés, les poids w_i sont déterminés à partir de base d'apprentissage, en minimisant le critère quadratique régularisé [Orr96].

Extraction de l'enveloppe

Une première étape, consiste à appliquer une fenêtre glissante de longueur 100 ms (taille moyenne de S1 et S2, précisé dans le chapitre 3, Tableau 3.2) sur un signal PCG sans extraction d'aucun descripteur spécifique. Donc les valeurs du signal brut dans la fenêtre glissante forment le vecteur d'entré de réseau de neurone. Puisque la sortie doit représenter l'enveloppe du signal PCG, qui vise à maximiser la distance entre les signaux S1 et S2 d'une part et les autres composantes du signal d'autre part, l'apprentissage du réseau est effectué de la façon suivante :

Deux sons cardiaques identifiés (S1 et S2) choisis aléatoirement dans la base de données fixent la sortie du réseau à 1 et un exemple représentant la phase systolique (ou diastolique) fixe la sortie du réseau à 0. Le taux de chevauchement entre deux fenêtres consécutives est fixé à 70%.

Les premiers résultats obtenus sont acceptables sur les signaux cardiaques qui ne contiennent pas de souffles et qui ont un rapport signal sur bruit élevé. La faible robustesse de cette méthode vis-à-vis du bruit n'est pas étonnante; les vecteurs d'entrés du réseau RBF sont constitués à partir des valeurs bruts du signal PCG.

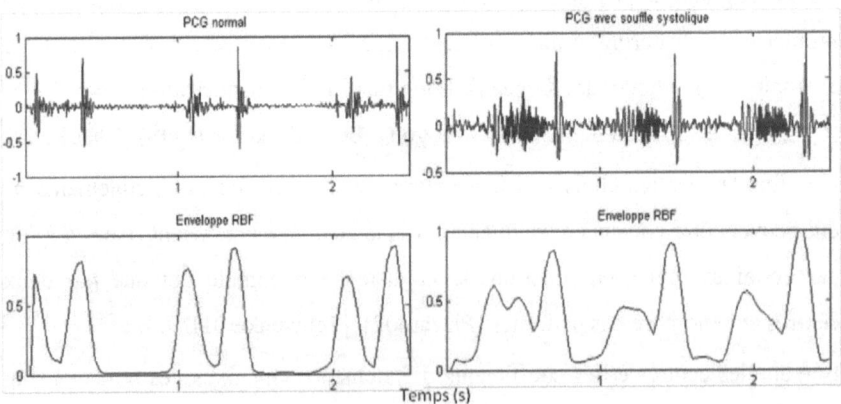

Figure 2.16 : Enveloppe RBF pour un PCG normal (à gauche) et un PCG pathologique (à droite).

2.6.2. Méthode SRBF

Motivations

L'approche qui est basée sur l'utilisation des réseaux RBF pour extraire l'enveloppe du signal PCG, a montré son efficacité, surtout sur les signaux normaux lorsque le rapport signal sur bruit n'est pas trop bas [Moukadem11]. La réflexion basée sur l'utilisation des descripteurs temps-fréquence au lieu d'utiliser les valeurs bruts du signal est une suite assez logique à la méthode RBF. Le domaine temps-fréquence caractérisera mieux S1 et S2, ce qui va nous permettre de concevoir une méthode plus efficace et plus robuste vis à vis du bruit. Ceci nous amène à une autre réflexion autour du choix de la transformation temps-fréquence.

Les transformations TF classiques peuvent êtres divisées en fonction de leurs propriétés mathématiques, en deux groupes essentiels : transformations linéaires et transformations bilinéaires [Sejdic09]. Les transformations linéaires, ont un avantage dans le cas des signaux multi-composantes, dans le sens où la représentation TF globale peut être écrite comme la somme de représentations TF des composantes du signal, sans aucun terme supplémentaire.

Les transformations bilinéaires, initialement introduites par Cohen [Cohen66], ont une concentration d'énergie élevée dans le domaine TF par rapport aux transformations linéaires. Pourtant leur problème majeur, est les termes d'interférences dans le cas des signaux multi-composantes, qui dégrade la résolution temps-fréquence. Plusieurs solutions existent dans la littérature pour minimiser l'effet des termes d'interférences [Williams89], [Hlawatsch92], [Jeong92]… mais ceci ne sera pas aborder en détail dans ce document. Nous nous intéressons plutôt au premier groupe des transformations TF (linéaires).

Plusieurs transformations TF linéaires, ont été appliquées aux signaux issus de domaine biomédical, dont les signaux cardiaques. La transformée de Fourier à court terme (STFT) [Gröchenig01], résout le problème de la transformée de

Fourier classique en réalisant une analyse temps-fréquence du signal par l'application d'une fenêtre glissante, où le signal inclus dans la fenêtre peut être considéré comme stationnaire. La transformation STFT elle-même pose un problème de résolution temps-fréquence ; vu qu'elle effectue une analyse mono-résolution, ce qui signifie que toutes les fonctions de bases ont la même résolution temps-fréquence, cela entraine une même résolution TF pour les basses et les hautes fréquences (figure 2.17).

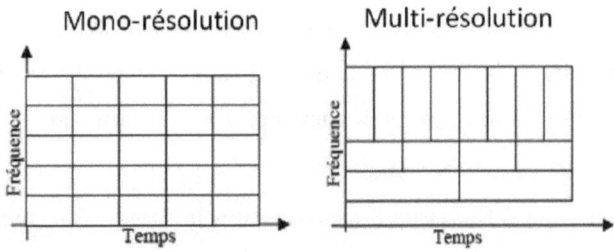

Figure 2.17 : Principes de l'analyse mono-résolution (STFT) et multi-résolution (TOC et transformée en S).

Ceci est considéré comme une limitation non négligeable sur plusieurs types des signaux réels dont les signaux biomédicaux, où les zones d'énergies sont plutôt non-stationnaires sur des périodes courtes contenant des composantes hautes fréquences. D'où l'idée des outils d'analyse multi-résolution comme la transformation des ondelettes continues (TOC) [Mallat99] et la transformée en S (S-transform) [Stockwell96]. Cette dernière, a un avantage sur les ondelettes, la phase référencée à l'origine du temps fournit des informations utiles concernant le spectre, qu'on ne retrouve pas dans l'information de phase locale de la TOC. En outre, concernant les signaux cardiaques, plusieurs études comparatives ont eu lieu entre différentes transformations TF appliquées aux signaux PCG et autres signaux biomédicaux où on peut mesurer la puissance de la transformée en S par rapports aux autres TF existantes [Varanini97], [Livanos00],

[Stankovi´c01], [Sejdic04]. Certains de ses avantages vont être abordés dans la section suivante.

Transformée en S (S-transform)

La transformée en S proposée par Stokwell *et al.* [Stokwell96], réalise une analyse temps-fréquence du signal. C'est un peu similaire à la transformée de Fourier à court terme si ce n'est que l'amplitude et la largeur de la fenêtre d'analyse sont fonction de la fréquence, comme dans la transformée en ondelette. La transformée en S est définie par :

$$S(\tau, f) = \int_{-\infty}^{+\infty} x(t)g(t-\tau)e^{-i2\pi ft}dt \tag{2.34}$$

Avec *g(t)* est une fenêtre gaussienne normalisée, qui est translatée et dilatée en fonction du temps et fréquence, respectivement. Elle est donnée par :

$$g(t,\sigma) = \frac{1}{\sigma(f)\sqrt{2\pi}}e^{\frac{-t^2}{2\sigma(f)^2}} \tag{2.35}$$

Tel que :

$$\sigma(f) = \frac{1}{|f|} \tag{2.36}$$

Ainsi, la transformée en S peut s'écrire :

$$S(\tau, f) = \frac{|f|}{\sqrt{2\pi}} \int_{-\infty}^{+\infty} x(t)e^{\frac{-(t-\tau)^2 f^2}{2}}e^{-i2\pi ft}dt \tag{2.37}$$

Relation entre la transformée en S et la transformée de Fourier

La transformée de Fourier d'un signal *x(t)* est définit par :

$$X(f) = \int_{-\infty}^{+\infty} x(t)e^{-i2\pi ft}dt \tag{2.38}$$

La transformée de Fourier inverse :

$$x(t) = \int\limits_{-\infty}^{+\infty} X(f)e^{i2\pi ft}df \qquad (2.39)$$

La transformée de Fourier peut être vu comme la moyenne temporelle du spectre, ce qui est équivalant à l'intégration du $S(\tau, f)$ sur le temps, donc le lien entre $S(\tau, f)$ et $X(f)$ peut s'écrire de la façon suivante :

$$\int\limits_{-\infty}^{+\infty} S(\tau, f)d\tau = X(f) \qquad (2.40)$$

Ce qui nous permet de dire que :

$$x(t) = \int\limits_{-\infty}^{+\infty}\left\{\int\limits_{-\infty}^{+\infty} S(\tau, f)\right\}e^{i2\pi ft}dfd\tau \qquad (2.41)$$

D'autre part, la transformée en S peut être vue comme une convolution des deux fonctions :

$$S(\tau, f) = \int\limits_{-\infty}^{+\infty} p(t, f)g(\tau - t, f)dt \qquad (2.42)$$

Avec :

$$p(\tau, f) = x(\tau)e^{-i2\pi f\tau} \qquad (2.43)$$

Et

$$g(\tau, f) = \frac{|f|}{\sqrt{2\pi}}e^{\frac{-\tau^2 f^2}{2}} \qquad (2.44)$$

En utilisant le théorème de convolution et en calculant la transformée de Fourrier de la transformée en S, on obtient :

$$TF(S(\tau, f)) = P(\alpha, f)G(\alpha, f) \qquad (2.45)$$

Le produit de convolution devient une multiplication dans le domaine fréquentiel. En remplaçant P et G par leurs transformée de Fourier on obtient :

$$TF(S(\tau, f)) = X(\alpha + f)e^{\frac{-2\pi^2\alpha^2}{f^2}} \qquad (2.46)$$

La transformée en S peut être calculée à partir de l'équation (2.46) par la transformée de Fourrier inverse :

$$S(\tau,f) = \int_{-\infty}^{+\infty} X(\alpha+f)e^{\frac{-2\pi^2\alpha^2}{f^2}} e^{i2\pi\alpha\tau} d\alpha \qquad (2.47)$$

Le lien directe entre la transformée de Fourier et la transformée en S est une propriété très intéressante de cette dernière. Cela facilite son implémentation, en profitant de la rapidité de l'algorithme de Fourier rapide.

La version discrète de la transformée en S est obtenue en remplaçant τ par jT et f par $\frac{n}{NT}$:

$$S\left[jT,\frac{n}{NT}\right] = \sum_{m=0}^{N-1} X\left[\frac{m+n}{NT}\right] e^{\frac{-2\pi^2 m^2}{n^2}} e^{\frac{i2\pi mj}{N}} \qquad (2.48)$$

Avec N le nombre d'échantillon et pour la voie $n=0$ (signal d'origine), S est donnée par :

$$S[jT,0] = \frac{1}{N} \sum_{m=0}^{N-1} x\left(\frac{m}{NT}\right) \qquad (2.49)$$

Relation entre la transformée en S et la transformée en ondelettes

La transformée en ondelettes peut être vu comme une série de corrélation du signal avec une fonction qui s'appelle ondelette mère :

$$W(\tau,d) = \int_{-\infty}^{+\infty} x(t)w(t-\tau,d)dt \qquad (2.50)$$

Avec $w(t,d)$ l'ondelette mère qui doit avoir une moyenne nulle. La transformée en S peut être définit comme une transformée en ondelette avec une ondelette mère spécifique multipliée par le facteur de phase [Stocwell96]:

$$S(\tau,f) = e^{i2\pi f\tau} W(\tau,d) \qquad (2.51)$$

Où l'ondelette mère est définit par :

$$w(t, f) = \frac{|f|}{\sqrt{2\pi}} e^{\frac{-t^2 f^2}{2}} e^{-2\pi i f t} \qquad (2.52)$$

On note que (2.44) n'a pas une moyenne nulle, donc elle ne satisfait pas les conditions d'admissibilités d'une ondelette mère. On ne peut pas dire alors, théoriquement, que l'équation (2.43) est une transformée en ondelette exacte.

Une représentation de la transformée en S à titre indicatif sur deux signaux cardiaque pathologiques (figure 2.18).

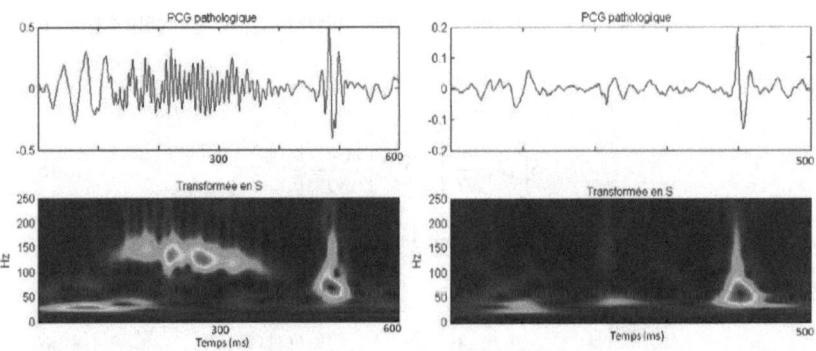

Figure 2.18: Transformée en S de deux signaux PCG pathologiques.

En général, les souffles ont un contenu fréquentiel au dessus de 100 Hz [Sepharie09] (figure 2.18 à gauche). Ceci n'est pas toujours vrai, surtout lorsque le souffle à un degré bas, ce qui implique des signatures de faible puissance au dessous de 100 Hz (figure 2.18 à droite).

Module SRBF et extraction des descripteurs

La transformée en S est appliquée au signal cardiaque *x(t)*. Elle est calculée entre 0-100 Hz ; ce qui caractérise les composantes fréquentielles principales de S1 et S2 et évite la détection des murmures et des souffles qui ont généralement un contenu fréquentiel au dessus de 100 Hz [Sephari09], sauf dans des cas exceptionnels (figure 2.18). On obtient en sortie une matrice temps-fréquence, qui est utilisée pour l'extraction des descripteurs qui vont constituer le vecteur d'attributs du réseau RBF, ceci correspond aux deux premiers blocs du module SRBF (Figure 2.19).

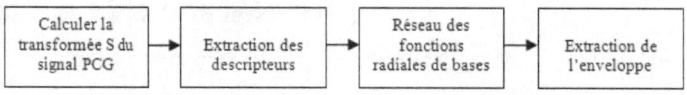

Figure 2.19 : Module SRBF.

La phase d'extraction des caractéristiques se décompose de la façon suivante :

Une fenêtre glissante est appliquée à la matrice temps-fréquence du signal *x(t)*. La fenêtre est de taille 50 ms (100 échantillons pour 2 kHz) avec un taux de chevauchement de 70%. A chaque pas, de chaque colonne de la matrice temps-fréquence dont la taille est 100×100, on extrait des descripteurs statistiques:

- La moyenne quadratique (Root Mean Square : $\sqrt{\dfrac{1}{n}\sum_{i=1}^{N} x^2}$).

- La moyenne statistique.

- La valeur maximale.

Donc à chaque pas correspondent 3 vecteurs de dimension 100 chacun. Chaque vecteur est divisé en 5 segments identiques et la moyenne de chaque segment est calculée, ce qui donne 5 attributs pour chaque vecteur donc 15 attributs en total pour chaque pas [Hadi10]. Ces attributs sont appliqués au réseau RBF, détaillé en (2.6.2), qui contribuera à la génération de l'enveloppe du signal.

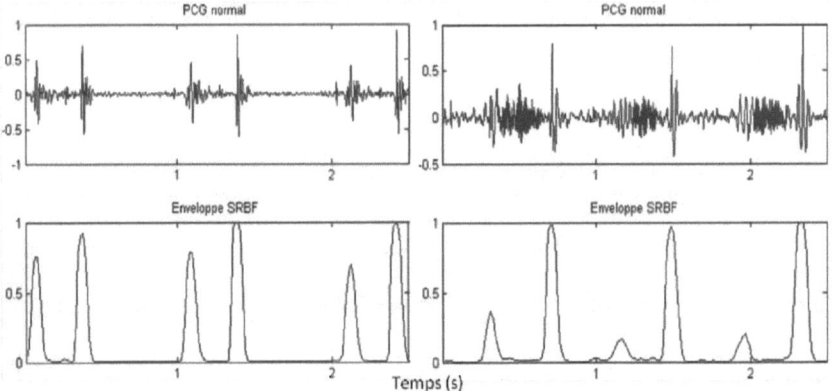

Figure 2.20: Enveloppe SRBF d'un PCG normal (à gauche) et d'un PCG pathologique (à droite).

2.6.3. Méthode SSE

Une autre méthode qui dérive de la transformée en S, est proposée dans ce document. Cette méthode nommée SSE (S-transform Shannon Energy), calcule l'énergie de Shannon du spectre local. Le spectre local à l'instant *t* est calculé par la transformée en S, il est représenté par les valeurs de la colonne t de la matrice $|S(t,f)|$, correspondant à la valeur absolue de la matrice de la transformée en S (Figure 2.21, deux premiers modules). Comme la méthode SRBF, la transformée en S est calculée entre 0-100Hz. On peut introduire l'énergie de Shannon du spectre local d'un signal *x(t)* de la façon suivante :

$$SSE(t) = -\sum_{f=1}^{N} |S(t,f)|^2 \log(|S(t,f)|^2) \qquad (2.53)$$

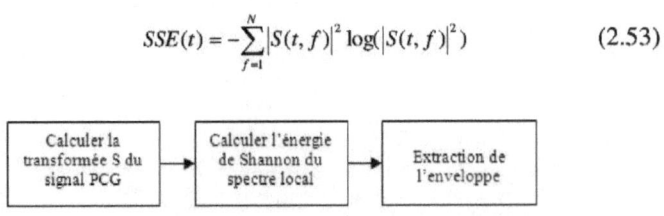

Figure 2.21: Module SSE

L'enveloppe obtenu par la méthode SSE, présenté sur la figure 2.21, est lissée par un filtre passe bas de Butterworth. On voit bien que la méthode SSE est moins complexe au niveau algorithmique que la méthode SRBF. Elle ne possède pas une phase d'apprentissage, ni un système de classification pour extraire l'enveloppe du signal. La question qui se pose est la suivante : combien le fait d'introduire le réseau des fonctions à bases radiales dans le module SRBF contribue t-il à la qualité de l'enveloppe extraite ? Ceci fait l'objet de l'étude comparative menée dans la section suivante.

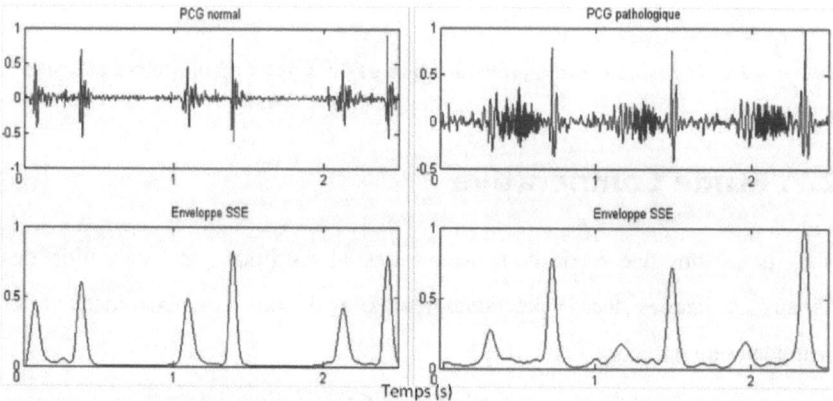

Figure 2.22: Enveloppes SSE d'un PCG normal (à gauche) et pathologique (à droite).

La figure 2.23, montre la robustesse de cette méthode SSE vis-à-vis des bruits provenant de différentes sources, comme les bruits respiratoires et les bruits ambiants.

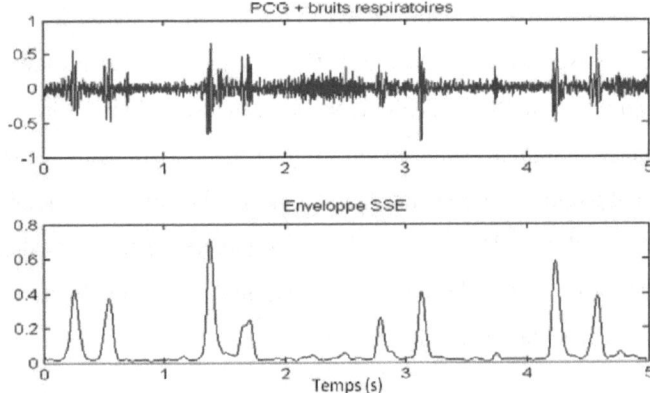

Figure 2.23: Enveloppe SSE d'un PCG bruité par des sons respiratoires et bruits ambiants.

2.7. Etude Comparative

Nous proposons une étude comparative des 11 méthodes de localisation des signaux cardiaques décrits précédemment. L'évaluation des performances des méthodes sera basée sur deux axes :

- Le comportement de chaque méthode vis-à-vis la diversité de la base de sons (décrit dans le chapitre 1) qui contient des signaux cliniques normaux et différentes sortes de pathologies cardiaques.

- Le deuxième axe, est le comportement de chaque méthode vis-à-vis de bruit ; les signaux de test sont issus d'un environnement clinique, les signaux sont naturellement bruités ; bruits ambiants, bruits respiratoires, bruits des frottements durant l'auscultation, etc. ceci correspondra au premier niveau du bruit. Artificiellement, deux autres niveaux de bruit de type blanc gaussien, sont ajoutés aux signaux cliniques.

Le rapport signal sur bruit sera mesuré en considérant une période qui contient S1 et S2 (le signal avec le bruit) et une période qui ne contient pas S1 et S2 (diastole, uniquement le bruit).

2.7.1. Evaluation et Analyse statistique

La performance est quantifiée en mesurant la sensibilité et la Valeur Prédictive Positive (VPP) de chaque méthode.

La sensibilité est la probabilité que la méthode testée détecte un son (S1 ou S2), elle est donnée par :

$$Sensitivité = \frac{VP}{VP + FN} \qquad (2.54)$$

Avec *VP* pour Vrais Positifs ; le nombre des sons détectés qui correspondent à S1 ou S2. Et *FN* pour Faux Négatifs ; le nombre des sons S1 et S2 qui n'ont pas été détectés.

La VPP est la probabilité qu'un son détecté correspond à S1 ou S2. Elle est définie par :

$$VPP = \frac{VP}{VP + FP} \qquad (2.55)$$

Avec *FP* pour Faux Positifs ; le nombre des sons détectés qui ne correspondent ni à S1 ni S2.

Les sons S1 et S2 détectés sont validés par le cardiologue, sur les signaux bruts.

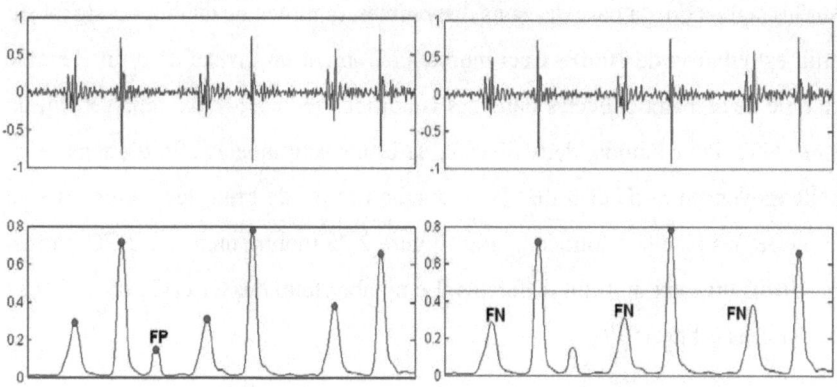

Figure 2.24: exemples d'un son considéré comme un faux positif (à gauche) et des sons classés comme faux négatifs après utilisation d'un seuil élevé (à droite).

2.7.2. Estimation du rapport signal sur bruit (SNR)

Comme nous l'avons déjà signalé précédemment, les signaux collectés par les stéthoscopes sont bruités par les conditions cliniques d'auscultations où plusieurs sources de bruits polluent le PCG. Pour estimer le rapport signal sur bruit des signaux acquis, nous considérons, comme dans l'étude de Shmidt *et al.* [Shmidt10], que la période qui contient S1 et S2 (intégrant la phase systolique) représente le signal plus le bruit. Par contre, la phase diastolique, représente le bruit uniquement.

Considérons que *x(t)* est la période de S1 à S2 et *n(t)* la période qui contient une partie de la phase diastolique, le rapport signal sur bruit en dB est :

$$SNR = 10\log\left(\frac{S+N}{N} - 1\right) \qquad (2.56)$$

Avec $\dfrac{S+N}{N}$ est le rapport signal plus bruit sur bruit, qui est calculé par :

$$\frac{S+N}{N} = \frac{\sum_{t=1}^{N}|x(t)|^2}{\sum_{t=1}^{N}|n(t)|^2} \qquad (2.57)$$

Sur les signaux de la base des sons disponibles, la moyenne du rapport signal sur bruit est environ de 10 dB. Ceci montre clairement un niveau de bruit élevé de ce type de signaux collectés dans des conditions réelles (40 dB représentent un bon SNR). Pour l'étude, deux niveaux de bruits sont ajoutés afin d'atteindre un SNR moyen de 5 dB et 0 dB. Pour chaque niveau de bruit, les méthodes sont testées et les résultats sont comparés. Figure 2.25 montre un signal PCG normal avec trois niveaux du bruit différents. Le nombre total des S1 et S2 dans la base de données est de 1539.

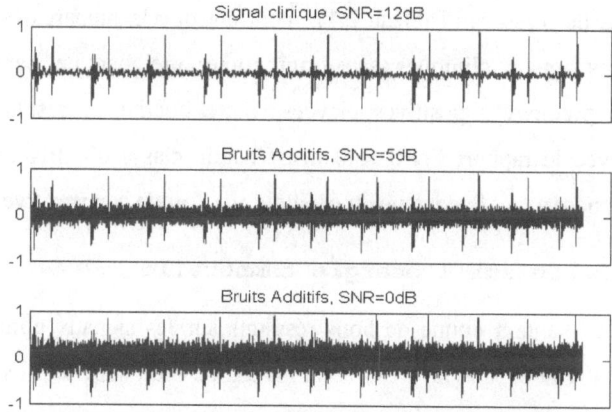

Figure 2.25: Du haut en bas ; signal PCG clinique avec un SNR=12 dB, le même PCG avec bruits blancs gaussiens additifs SNR=5 dB, SNR=0 dB.

2.7.3. Résultats et Discussions

Les mesures de sensibilité et VPP ont été effectuées sur toute la base de sons (80 sons) pour toutes les méthodes présentées précédemment.

Méthodes	SNR=10 dB		SNR=5 dB		SNR= 0 dB	
	Sens%	VPP%	Sens%	VPP%	Sens%	VPP%
Méthodes Temporelles						
Shannon	90	91	86	88	80	84
Méthodes Fréquentielles						
Hilbert	87	89	84	83	78	78
Homomorphique	91	90	88	89	86	83
CSCW	92	92	89	89	84	83
Multi-échelles	90	**98**	88	**93**	86	87
Méthodes Non-linéaires						
Entropie	91	92	88	88	85	84
VFD	88	90	85	87	82	85
Simplicité	**94**	**96**	92	92	85	84
Méthodes Proposées						
RBF	91	91	86	87	75	78
SRBF	92	**98**	91	**93**	87	**89**
SSE	**96**	95	93	**94**	**88**	**89**

Tableau 2.1 : Résultats (Sensitivité (Sens %) et valeurs prédictives positives (VPP %)) issus des 11 méthodes de localisation des sons cardiaques, mesurées sur 1539 S1 et S2 et sur 3 niveaux de bruit différents.

Les résultats de mesures (Tableau 2.1), montrent que la plupart des méthodes testées sur les signaux cliniques (sans bruit ajouté) atteignent des sensitivités et des valeurs prédictives positives élevées. Cette qualité de résultats décroit fortement avec le rapport SNR de 0 dB. Chaque classe d'outils est discutée indépendamment avant la conclusion générale sur l'étude comparative.

Méthode basée sur l'énergie temporelle

L'énergie de Shannon donne de bons résultats sur les signaux cliniques avec 90% de sensitivité et 91% de VPP. A un niveau de bruit supérieur (SNR=5dB), les résultats restent acceptables mais ils deviennent mauvais à un niveau SNR=0dB (80% sensitivité et 84% VPP). Comme pour toutes les méthodes qui sont basés sur des transformations temporelles, la robustesse de l'énergie de Shannon vis-à-vis du bruit est failbe.

Méthodes basées sur les transformations fréquentielles

Parmi les méthodes qui sont basées sur les transformations fréquentielles, CSCW est la meilleure en termes de sensitivité ainsi qu'en termes de VPP. En plus, cette méthode montre une certaine robustesse vis-à-vis du bruit ; à un SNR=5dB, on a 89 % de sensitivité et de VPP. Par contre ses performances se détériorent pour un niveau SNR=0dB (sens= 84% et VPP=83%).

La méthode de filtrage homomorphique est proche de CSCW. Mais il faut noter que l'enveloppe extraite par cette méthode est plus discriminative vis à vis des souffles systoliques sévères. Ceci est considéré comme un avantage pour le filtrage homomorphique mais qui n'a pas été clairement révélé dans les résultats obtenus, en raison du nombre insuffisant de sons qui contiennent des souffles systoliques sévères de notre base.

Méthodes basées sur les transformations Temps-Fréquence

La méthode du produit multi-échelles, que nous avions classée comme méthode basée sur une transformation temps-fréquence (l'ondelette symlet5), donne des résultats remarquables concernant les VPP. Ceci s'explique par le fait que le produit multi-échelle révèle la singularité des composantes du signal, ce qui rend l'enveloppe très discriminative entres les différentes parties du signal cardiaque. On peut classer ces dernières entre composantes régulières (S1 et S2) et non régulières (systolique et diastolique), ceci minimise le nombre des sons qui sont considérés comme FP (faux positives) ce qui augmente le VPP. On note aussi que pour les cas qui contiennent des souffles, on arrive à bien détecter S1 et S2 sans détecter d'autres sons.

Méthodes basées sur la complexité du signal

Parmi les méthodes qui sont basées sur la complexité du signal, la méthode de simplicité, atteint les meilleurs résultats avec 94% de sensitivité et 96% de VPP sur les signaux cliniques. La méthode montre une certaine robustesse vis-à-vis du bruit, avec 92% (sensitivité et VPP) pour un SNR=5dB, les performances diminuent pour un SNR=0dB. La méthode de simplicité permet une bonne quantification de la contribution de la dynamique de S1 et S2 dans l'espace de phase du son cardiaque. Par contre, en présence des souffles sévères, cette mesure n'arrive pas à faire suffisamment la différence entre S1 et S2, et les souffles, qui sont plus complexe.

Les résultats de la méthode VFD ne sont pas remarquables, en plus cette méthode souffre de dépendance très élevé aux paramètres initiaux.

La méthode de l'entropie de Shannon atteint une sensitivité de 91% et une VPP de 92% pour les signaux cliniques (SNR=10 dB) et les performances décroissent jusqu'à 85% de sensitivité et 84% de VPP pour un SNR=0 dB. La méthode de l'entropie de Shannon, a été initialement proposée pour détecter les sons cardiaques dans les sons pulmonaires, puisque la densité de probabilité de sons pulmonaires diffère nettement de celle des sons cardiaques. Le contexte où la méthode est ici appliquée est un peu différent ; ici le but est de localiser les sons cardiaques dans des signaux qui contiennent des bruits de différentes origines, ce qui peut expliquer les pourcentages relativement modestes obtenus avec cette méthode.

Méthodes proposées

La méthode RBF atteint 91% sensitivité et 91 % de VPP pour les signaux cliniques. Par contre ses performances se détériorent en présence de bruit ; 75% sensitivité et 78% VPP pour un SNR=0dB, ce qui n'est pas étonnant vu que le réseau RBF utilise les valeurs temporelles brutes du signal.

La méthode SRBF, donne l'un des meilleurs résultats ; au delà des bonnes performances obtenues sur les signaux cliniques ; 92% de sensitivité et 98% de VPP, la méthode montre son efficacité en présence du bruit ; 91% de sensitivité et 93% de VPP pour un SNR=5dB et 87% de sensitivité et 89 de VPP pour un SNR=0dB, ce qui correspond à l'avantage des descripteurs issus du domaine temps-fréquence calculés par la transformée en S.

Les performances de la méthode SSE ne sont pas très éloignées, avec une petite différence qui concerne les VPP (95%) qui sont supérieurs dans SRBF (98%) et les résultats de sensitivités qui sont supérieurs dans SSE (96%). Le module RBF de la méthode SRBF, joue un rôle discriminant ce qui rend l'enveloppe moins sensible aux variations du signal. Par contre, l'enveloppe SSE est plus sensible aux variations du signal, mais il est plus robuste vis-à-vis du bruit que l'enveloppe SRBF.

Conclusion concernant l'étude comparative

Enfin, on peut dire que les méthodes basées sur la complexité du signal (simplicité) et sur le domaine temps-fréquence, donnent les meilleurs résultats dans un contexte de localisation des sons cardiaques. Mais il faut noter quelques avantages des méthodes temps-fréquence sur les méthodes de complexité :

- Les méthodes de complexité sont très sensibles aux paramètres initiaux, ce qui rend la tache plus difficile surtout vis-à-vis de la diversité des signaux cardiaques. Par exemple, si la taille de la fenêtre d'analyse change de quelques ms, on obtient avec la méthode VFD une enveloppe très différente du son précédent. C'est le même problème avec les méthodes qui se base sur l'état de phase reconstruit où il faut bien choisir les paramètres de délai τ et de la dimension de plongement m. Alors que, les méthodes basées sur le domaine temps-fréquence sont moins sensible aux paramètres, il en résulte pour les enveloppes obtenus par la méthode SRBF, le choix du seuil n'a plus d'influence. Pour la méthode SSE un seuil de 10% de valeur maximum de l'enveloppe est suffisant.

- Le temps du calcul est parfois important pour les méthodes de complexité, surtout pour les méthodes qui se basent sur l'état de phase reconstruit. Pour les méthodes temps-fréquence le temps de calcul n'est pas négligeable, surtout pour la transformée en S, mais il peut être acceptable par rapport à certaines méthodes de complexité.

2.8. Conclusion

Nous avons étudié durant ce chapitre certaines méthodes de localisation des sons cardiaques proposées dans la littérature. Nous les avons classifiées en fonction du domaine où elles s'appliquent ; temporel, fréquentiel, temps-fréquence et méthodes qui mesurent la complexité du signal.

Ensuite, nous avons proposé deux nouvelles méthodes qui se basent essentiellement sur le domaine temps-fréquence. Dans un premier temps, nous avons montré qu'il est possible de localiser les sons cardiaques par une méthode simple basée sur les réseaux RBF. Une amélioration de cette méthode a été proposée en introduisant des descripteurs temps-fréquence calculés à partir de la transformée en S, d'où le nom SRBF de cette méthode. Une autre réflexion nous a menée a proposé une méthode basée sur l'énergie de Shannon du spectre local, calculé par la transformée en S. Cette méthode appelée SSE, est moins complexe au niveau algorithmique que la méthode SRBF ; vu l'absence de l'approche supervisée du réseau RBF. Les premiers tests, ont montré la capacité de la méthode SSE de localiser les premiers et les deuxièmes sons cardiaques dans des cas normaux aussi bien que dans des cas pathologiques.

La dernière partie du chapitre est consacrée à une étude comparative des 11 différentes méthodes. La comparaison s'est essentiellement basée sur deux axes :

- La capacité de chaque méthode à localiser les sons cardiaques issus d'une base de données riche en termes de diversité des signaux traités.

- La robustesse de chaque méthode vis-à-vis du bruit.

Pour la suite, nous retenons la méthode SSE pour localiser les sons cardiaques. Pour des raisons de simplicité et de performances élevés par rapport aux autres méthodes existantes.

2.9. Références

Bentoumi M.,
Outils pour la détection et la classification. Application au diagnostic de défauts de surface de rail. Thèse de Doctorat de l'université Henri Poincaré-Nancy 1, presenté le 15-10-2004.

Carvalho P., Gil P., Henriques J., Antunes M. and L.Eug´enio,
"Low Complexity Algorithm for Heart Sound Segmentation using the Variance Fractal Dimension," inProc. of Int. Sym. on Intelligent Signal Processing, Algarve, Portugal, Sep 3-7. 2005, pp. 937-942.

Chen S., Cowan S.F., Grant P.M.,
Orthogonal least squares learning algorithm for radial basis function networks, Neural Networks, 2 (2), p. 302-309, 1991.

Choi Samjin, Zhongwei Jiang,
Compariason of envelope extraction algorithms for cardiac sound signal segmentation, Micro-Mechatronics Laboratory, Yamaguchi University, 2006, Japan.

Cao L.,
Practical method for determining the minimum embedding dimension of a scalar time series. Phys D, 110:43–50, 1997.

Cohen L.,
Generalized phase-space distribution functions, J. Math. Phys. 7 (5) (1966) 781–786.

Cohen L., Time-Frequency Analysis, Prentice Hall, Englewood Cliffs, NJ, 1995.

Donoho D. L., Johnstone, I. M., Kerkyacharian, G., and Picard, D.
"Density estimation by wavelet thresholding", Ann.Stat., vol. 24, pp. 508-539, 1996.

Dreyfus G., Martinez J.M., Samuelides M., Gordon M.B., Badran F., Thiria S., Hérault L., Réseaux de neurones : Méthodologie et applications, Eyrolles, 2002.

Esteller R., Vachtsevanos G., Echauz J., and Litt B.,
A comparison of waveform fractal dimension algorithms. IEEE Trans Circ Syst, 48:177–183, 2001.

Fraser A. M. and Swinney H. L..
Independent coordinates for strange attractors from mutual information. Physical Review A, 33(2):1134–1140, 1986.

Gonzalez R.C, Woods R.E,
"Digital Image Processing",Prentice Hall, Upper Saddle River, NJ, 2002.

Gröchenig K.,
Foundations of Time-Frequency Analysis, Birkhäuser, Boston, 2001.

Gnitecki J., Moussavi Z.,
Variance Fractal Dimension Trajectory as a tool for Heart Sound Localization in Lung Sounds Recording, 25th Annual Int. Conf. of the IEEE, vol. 3, pp. 2420 – 2423, 2003.

Goldberger A2000
Nonlinear dynamics, fractals, and chaos theory: implications for neuroautonomic heart rate control in health and disease Available at http://physionet.ph.biu.ac.il/tutorials/ndc.

Hadi H. M., Mashor M. Y., Suboh Mohd Zubir, Mohamed Mohamed Sapawi,
Classification of heart sound based on S-Transform and neural network, IEEE 10th International Conference on Information Science, Signal Processing and their Applications (ISSPA 2010).

Hasfjord F.,
Heart sound analysis with time dependent fractal dimensions. Master's thesis, Link¨oping, Sweden, February 2004.

Higuchi K., Sato K., Makuuchi H., Furuse A., Takamoto S., Takeda H.,
Automated diagnosis of heart disease in patients with heart murmurs: application of a neural network technique, Journal of Medical Engineering and Technology (2006) 61-68.

Hlawatsch F., Boudreaux-Bartels G.,
Linear and quadratic time-frequency signal representations, IEEE Signal Process. Mag. 9 (2) (1992)
21–67.

Jeong J., Williams W.J.,
Kernel design for reduced interference distributions, IEEE Trans. Signal Process. 40 (2) (1992) 402–412.

Kinsner W.,
Batch and real-time computation of a fractal dimension based on variance of a time series. Technical Report DEL94-6, Dept. of Electrical & Computer Eng., University of Manitoba, Winnipeg, Canada, June 1994.

Liang H., Lukkarinen S., Hartimo I.,
Heart Sound Segmentation Algorithm Based on Heart Sound Envelogram, Helsinki University of Technology, Espoo, Finland 1997.

Livanos G., Ranganathan N., Jiang J.,
Heart sound analysis using the S transform, IEEE Computers in Cardiology 2000;27:587-590.

Moussavi Z., Flores D., Thomas G.,
Heart Sound Cancellation Based on Multiscale Products and Linear Prediction, Proceedings of the 26th Annual International Conference of the IEEE EMBS San Francisco, CA, USA • September 1-5, 2004.

Meyer Y.,
Wavelets and Operators. Cambridge, U.K.: CambridgeUniv. Press, 1992.

Mandelbrot B., Van Ness J.,
« Fractional Brownian Motion, Fractional Noises and Applications », SIAM, Vol . 10, N°4, 1968, pp . 422—438 .

Merrit D. and Tremblay B.,
"Nonparametric estimation of density pro-files," The Astronom. J., vol. 108, no. 2, pp. 514–537, 1994.

Mokhlessi O., Rad H.,
Utilization of 4 types of Artificial Neural Network on the diagnosis of valve-physiological heart disease from heart sounds, Proceedings of the 17th Iranian Conference of Biomedical Engineering (ICBME2010), 3-4 November 2010.

Mallat S.G.,
A Wavelet Tour of Signal Process, second ed., Academic Press, San Diego, 1999.

Moukadem A., Dieterlen A., Hueber N., Brandt C.,
Comparative study of heart sounds localization, Bioelectronics, Biomedical and Bio-inspired Systems SPIE N° 8068A-27, Prague.

Nigam V. and Priemer R.,
Accessing heart dynamics to estimate durations of heart sounds. Physiol Meas, 26(6):1005–18, 2005.

Olmez T., Dokur Z.,
" Classification of heart sounds usingan artificial neural network", Pattern Recognition Letters 24 (2003) 617-629.

Orr M. J. L.,
Introduction to Radial Basis Function Networks, Center for Cognitive Science, University of Edinburgh, Scotland, 1996.

Packard H., Crutchfield J.P., Farmer J.D. and Shaw R.S.
Geometry from a time series. Phys Rev Lett, 45(9):712–716, 1980.

Pourazad M.T, Moussavi Z, and Thomas G.
Heart sound cancellation from lung sound recordings using time-frequency filtering. Med Biol Eng Comput, 44(3):216–25, 2006.

Pizarro J., Guerrero E., Galindo P. L.,
Multiple comparison procedures applied to model selection, Neurocomputing, 48, p. 155-173, 2002.

Ruelle D. and Takens F.,
On the nature of turbulence. Communications in Mathematical Physics, 20:167–192, 1971.

Rezek I. A. and Roberts S.J.,
Stochastic complexity measures for physiological signal analysis. IEEE Trans Biomed Eng, 45(9):1186 – 1191, 1998.

Raudys S.,
Statistical and Neural Classi̅ers : An integrated approach to design, Springer-Verlag, London, 2001.

Schwenker F., Kestler H. A., Palm G.,
Three learning phases for radial-basis-function networks, Neural Networks, 14, p. 439-458, 2001.

Sepheri A. et al.,
A nouvel method for pediatric heart sound segmentation without using the ECG, Comput. Methods Programes Biomed. (2009), doi:10.1016/j.cmpb.2009.10.006.

Stockwell R.G., Mansinha L., Lowe R.P.,
Localization of the com-plex spectrum: the S-transform, IEEE Trans. Sig. Proc. 44 (4) (1996) 998–1001.

Silverman B.,
Density Estimation for Statistics and Data Analysis. New York: Chapman &Hall, 1986.

Schmidt S.E., Holst-Hansen, C., Graff, C., Toft, E., Struijk, J.J.
Segmentation of heart sound recordings by a duration-dependent hidden Markov model (2010) Physiological Measurement, 31 (4), pp. 513-529.

Sejdic E. and J. Jiang,
"Comparative study of three time-frequency representations with applications to a novel correlation method," in Proceedings of the IEEE International Conference on Acoustics, Speech and Signal Processing (ICASSP '04), vol. 2, pp. 633–636, Montreal, Quebec, Canada, May 2004.

Sejdic E., Djurovicb I., Jiang J.,
Time–frequency feature representation using energy concentration:An overview of recent advances, Digital Signal Processing 19 (2009) 153–183.

Stankovi´c LJ.,
"Measure of some time-frequency distributions concentration," Signal Processing, vol. 81, no. 3, pp. 621–631, 2001.

Takens F.,
Detecting strange attractors in turbulence. In D. A. Rand and L. S. Young, editors, Dynamical Systems and Turbulence, pages 366–381.Springer, Berlin, 1981.

Varanini M., G. De Paolis, M. Emdin, et al.,
"Spectral analysis of cardiovascular time series by the S-transform," in Computers in Cardiology, pp. 383–386, Lund, Sweden, September 1997.

Weaver W., Shanon C. E., (1975)
Théorie mathématique de la Communication. Les classiques de sciences humaines La bibliothèque du CEPL 188 pages.

West B.
Complexity, scaling and fractals in biological signals. In M. Akay, editor, Wiley Encyclopedia of Biomedical Engineering, pages 926–939.Wiley-Interscience, Wiley and Sons, Hoboken, N.J., 2006.

Williams W.J., J. Jeong,
New time-frequency distributions: Theory and applications, in: Proc. of IEEE International Symposium on Circuits and Systems, vol. 2, Portland, OR, USA, May 8–11, 1989, pp. 1243–1247.

Yadollahi A. and Moussavi Z. M.,
A robust method for heart sounds localization using lung sounds entropy. IEEE Trans Biomed Eng,53(3):497–502, 2006.

Yan H., Jiang Y.,
lZheng, Peng C., Li Q., "A multilayer perceptron-based medical decision support system for heart disease diagnosis", Expert Systems with Applications 30 (2006) 272-281.

Chapitre 3.

Segmentation des signaux cardiaques

3.1. Introduction

Après la localisation des premiers et des seconds sons cardiaques (sans distinction entre eux), l'étape suivante consiste à détecter les extrémités (onset and ending) de chaque son localisé, afin de pouvoir les classifier en deux classes S1 et S2 (figure 3.1). Ce processus qui représente la phase de segmentation, vise à décomposer le son cardiaque en quatre parties essentielles : S1, phase systolique, S2 et phase diastolique. Cette phase est indispensable dans le cadre de l'analyse des sons cardiaques ; une segmentation efficace permet de mieux comprendre les différentes parties du signal en analysant chacune en fonction de son contenu temporel et fréquentiel ainsi qu'au niveau de sa complexité. La plupart des méthodes d'analyse des sons cardiaques se basent sur les résultats de segmentation ; l'extraction des descripteurs à partir des segments identifiés (S1, S2, systole ...) facilite l'orientation du type de descripteurs qu'il faudra choisir pour classifier les sons normaux des sons pathologiques par exemple ou pour discriminer différents types de pathologies. La segmentation facilite également, la détection des différentes composantes interne à S1 et S2; il vaut mieux chercher dans un segment qui ne contient que S1 ou S2 plutôt que de chercher dans un signal plus complexe. Par exemple, concernant les cas pathologiques en présence de souffles, les résultats de la segmentation nous permettront d'étudier le degré de sévérité de ceux ci, ce qui est plus difficile si le son n'a pas été segmenté.

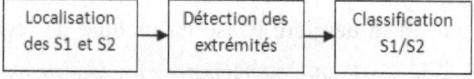

Figure 3.1: Module générale de Segmentation des sons cardiaques.

Une étude récente a essayé de classifier les sons cardiaques sans passer par la phase de segmentation [Yuenyong11]. C'est tout à fait possible comme le montrent les résultats de Yuenyong *et al.*, mais ceci représente une limitation non négligeable pour des raisons précédemment citées et surtout pour un module d'analyse des sons cardiaques qui se veut être assez généraliste avec un but essentiel d'aide au diagnostic sans informations préliminaires concernant le sujet traité.

Concernant la littérature, très peu d'études se sont intéressées au problème de détection des extrémités des sons cardiaques d'une façon détaillée ; à part les deux études de Liang *et al.* [Liang98] et Samit *et al.* [Samit06]. La phase de détection des extrémités est généralement expliquée d'une façon implicite dans la méthode de segmentation (time gate) où les extrémités sont souvent déterminées par les points d'intersection entre le seuil choisi et l'enveloppe d'amplitude. Ce chapitre qui concerne la phase de segmentation des signaux cardiaques, s'intéresse principalement aux méthodes de détections des extrémités, pouvant être considérées comme la deuxième phase de la partie de segmentation (figure 3.1). Nous avons classé les approches utilisées dans la littérature pour détecter les extrémités des sons en 3 groupes essentiels :

- Approche basée sur un seuillage global de l'enveloppe d'amplitude.

- Approche basée sur un seuillage local appliqué au domaine temps-fréquence.

- Approche basée sur des descripteurs biomédicaux issus du domaine temporel.

Dans ce chapitre, nous présentons les différentes approches de la littérature et nous citons également les avantages et les inconvénients de chacune. Ensuite nous abordons rapidement l'approche classique de la classification de S1 et S2, qui se base sur le temps systolique et diastolique comme critère de discrimination et qui est la dernière phase du module de segmentation (figure 3.1). L'avant dernière partie de ce chapitre, est consacrée à une méthode originale, pour la détection des extrémités des sons cardiaque qui est basée sur l'optimisation de la concentration d'énergie de la transformée en S. Enfin, nous appliquons cette méthode sur des signaux cliniques pour évaluer sa performance.

3.2. Approches Classiques :

3.2.1. Seuillage global de l'enveloppe d'amplitude

La plupart des méthodes de segmentation dans la littérature, se basent sur un seuillage global de l'enveloppe d'amplitude du signal cardiaque. Quelque soit la méthode utilisée pour extraire l'enveloppe, le principe est que tous les points d'intersections entre l'enveloppe et le seuil choisi, sont considérés comme des extrémités des sons localisés [Liang97], [Gupta07], [Choi08], ou bien les extrémités sont déterminées par le premier minima local avant et après les maximas locaux qui ne sont pas éliminer par le seuil [Ahlstrom08]. Malgré la simplicité de cette approche, son inconvénient principale est que le seuil est appliqué en se basant sur la statistique globale de l'enveloppe, normalement en fonction son écart type et sa moyenne. Cela ignore les comportements locaux du signal et rend les positions des extrémités détectés très sensible par rapport au seuil choisi (Figure 3.2). En plus, cette approche rend la précision des extrémités très dépendante des paramètres de la méthode de localisation utilisée pour extraire l'enveloppe, comme la taille de la fenêtre utilisée par exemple. Autrement dit, ce n'est pas l'approche optimale pour avoir des résultats de segmentation acceptable cliniquement où le facteur de précision est crucial.

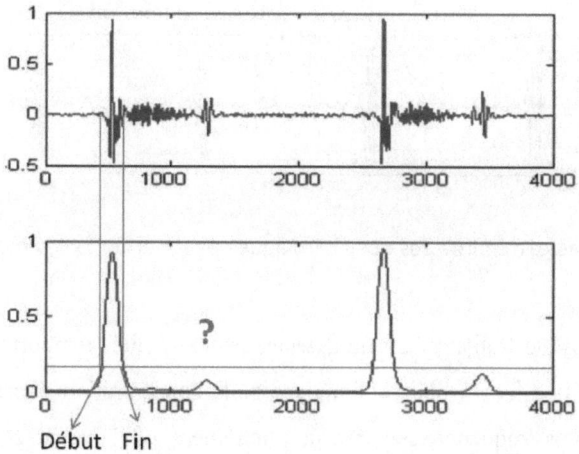

Figure 3.2 : Illustration de l'un des inconvénients du seuillage global appliqué sur un son PCG pathologique : non détection de S2.

3.2.2. Seuillage temps-fréquence local

Liang *et al.* ont proposé une solution pour corriger les positions des extrémités des sons cardiaques [Liang98]. Dans un premier temps, la transformation de Fourier à court terme pour chaque segment détecté (par seuillage global) est calculée. Ensuite, un seuil local de 60% est appliqué au domaine temps-fréquence pour corriger les positions des extrémités (Figure 3.3).

Le fait d'appliquer un seuil local, réduit la sensibilité des résultats au seuil de segmentation et s'adapte aux changements locaux du signal. En plus l'utilisation du domaine temps-fréquence est très importante en termes de robustesse vis-à-vis du bruit, ce que ne met pas en évidence l'étude de Liang.

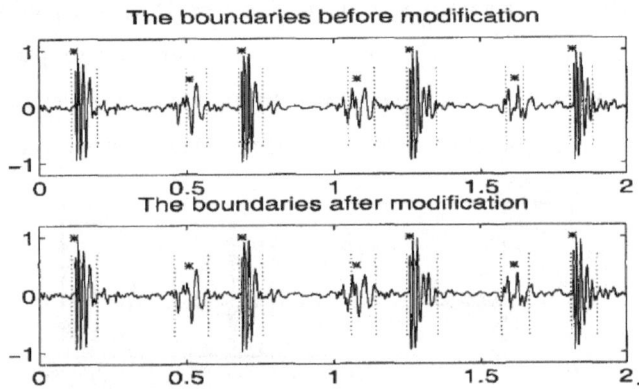

Figure 3.3: Les extrémités des sons cardiaques avant et après les modifications [Liang98].

En outre, puisque l'objectif est de détecter les extrémités temporelles des sons cardiaques d'une façon robuste, l'analyse de la concentration d'énergie dans le domaine temps-fréquence se pose implicitement. Ce qui nous a menés à proposer une nouvelle méthode de détection des extrémités, basée sur le domaine temps-fréquence et qui sera abordée en détail durant ce chapitre.

3.2.3. Descripteurs biomédicaux temporels

Samit *et al.* proposent une nouvelle méthode pour détecter les extrémités des sons cardiaques en se basant sur des descripteurs biomédicaux issus du domaine temporel [Samit06]. Supposons que l'on a déjà appliqué l'algorithme de localisation et les positions des maxima locaux (S1 ou S2) sont connues. On peut résumer cette méthode par les différentes étapes suivantes :

- La durée maximale de S1 et S2 est 150 ms [Robert94], cette hypothèse implique l'utilisation d'une fenêtre de 150 ms , les auteurs proposent de prendre 50 ms à gauche du maximum détecté (« peak » S1 ou S2) et 100 ms à droite, pour des raisons spécifiques à la méthode d'extraction d'enveloppe.

- Cette fenêtre est divisée en 15 segments équidistants. Chaque segment est associée à un booléen (1 ou 0). Les segments 5, 6, 7 et 8 sont considérés comme des segments clés (leurs valeurs est fixée à 1) parmi eux celui qui a une énergie maximum est considéré comme le segment central. Les valeurs de tous les segments, sont stockés dans un vecteur appelé E_S. Supposons que le $6^{\text{ème}}$ segment est le segment clé. Une opération de recherche des extrémités est menée dans les deux sens ; dans le premier sens (de 1 à 5) la condition suivante est testée pour chaque segment :

$$(E_s(i)*P)>E_s(i+1) \text{ ou } E_s(i)<(max_s*Q) \qquad (3.1)$$

Avec max_s est l'énergie du segment principal. Pour l'autre sens (9 à 15) la condition devient :

$$(E_s(i)*P)>E_s(i-1) \text{ ou } E_s(i)<(max_s*Q)$$

$$(3.2)$$

- Dans les deux cas, si la condition est vraie, le segment est considérée comme insignifiant et $E_s(i)$ est fixé à 0, si non le segment est considéré comme signifiant et $E_s(i)$ est fixé à 1. P et Q sont fixés à 70% et 5%, respectivement. Une fois tous les segments sont testés, la première extrémité (onset) est déterminée par le premier segment qui a une valeur 1 et la deuxième extrémité (ending) est déterminée par le premier segment qui a une valeur 1 suivie par un segment qui a une valeur 0. Par exemple si Es = [000001111110010], alors la première extrémité est situé au niveau du $6^{\text{ème}}$ segment et la deuxième extrémité est située au niveau du $11^{\text{ème}}$ segment.

L'avantage principal de cette approche est sa simplicité algorithmique par rapport à l'approche temps-fréquence. Mais vu qu'elle est basée sur l'énergie du domaine temporel, le problème de robustesse vis-à-vis du bruit se pose à nouveau. En plus, les valeurs des deux seuils P et Q sont très sensible aux variations induites par l'environnement clinique.

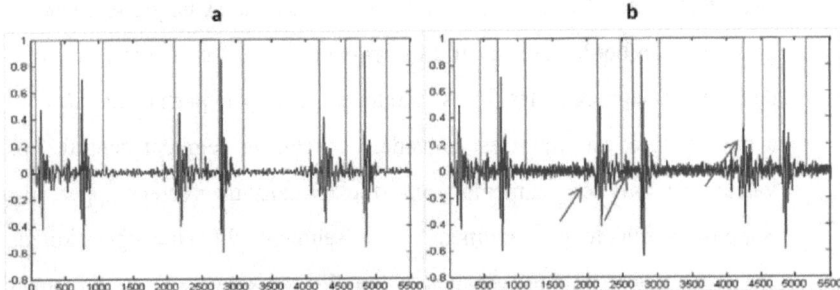

Figure 3.4 : (a) Signal normal avec les extrémités détectées par la méthode de Samit *et al*. (b) Le même signal avec un faible niveau de bruit gaussien. Les extrémités détectées avec les mêmes valeurs du P et Q montrent des erreurs de détections.

3.2.4. Enveloppe SSE basée sur la concentration d'énergie optimisée : Méthode originale (OSSE)

Une détection précise d'événements dans le signal cardiaque nécessite une localisation à priori des instants où se passe l'événement, ce qui a été le sujet principal du chapitre 2, ensuite une exploration plus détaillée de chaque segment qui contient un événement est nécessaire pour pouvoir localiser son début et son fin. Comme pour la méthode de localisation, nous nous sommes intéressés au domaine temps-fréquence et la transformée en S. Cependant, la concentration de la distribution d'énergie de la transformée en S est parfois mauvaise, comme toutes les transformations temps-fréquences linéaires. Ceci est dû à la supposition de la stationnarité locale du signal dans une fenêtre d'analyse de durée appropriée. En outre, la transformée en S utilise une fenêtre gaussienne qui est connue pour le domaine continu et sur un support infini, de donner une meilleure localisation temps-fréquence. Alors que, en temps discret et un support fini, la performance de la fenêtre se détériore en termes de concentration temps-fréquence par rapport au d'autres fenêtre d'analyses, ceci est dû à la nécessité de tronquer la fenêtre gaussienne discrète. D'où la nécessité d'optimiser la concentration temps-fréquence de la transformée en S.

La concentration d'énergie des signaux révèle l'étendue de la surface où ils se localisent dans le plan temps-fréquence [Auger93]. Une optimisation de la concentration de la transformée en S fournit une lisibilité et une interprétation meilleures de la distribution d'énergie TF, ce qui permet de mieux localiser les extrémités d'événements (S1 et S2).

Nous proposons dans ce chapitre, une méthode de détection des extrémités des sons cardiaques qui se base sur une représentation de la transformée en S optimisée (Figure 3.5). Le critère de performance est la concentration d'énergie du domaine TF. Supposons que $L(i)$ est le vecteur qui contient les instants des N sons S1 et S2 dans le signal cardiaque $x(t)$ avec i allant de 1 vers N. A chaque instant $L(i)$, on appliquera l'approche OSSE (Optimized S-tranform and Shannon Envelope) pour détecter l'extrémité du son correspondant.

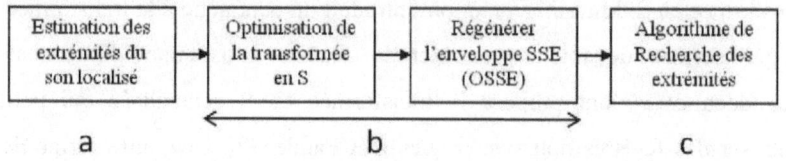

Figure 3.5: Module de la méthode OSSE

a. Estimation des extrémités des sons localisés

De la même manière que la méthode de Samit [Samit06], la première estimation consiste à appliquer une fenêtre de la taille de 150 ms (taille maximale du S1 et S2) centrée au niveau de $L(i)$, avec 75 ms à gauche de $L(i)$ et 75 ms à droite.

b. Optimisation de la distribution d'énergie de la transformée en S

Dans cette section, nous résumons l'état de l'art concernant l'amélioration qui a été faite sur la représentation TF de la transformée en S. Ensuite, nous présentons le concept de la concentration d'énergie idéale dans le domaine TF, puis nous montrons deux types des fenêtres utilisées dans la littérature pour améliorer la représentation TF de la transformée en S. Enfin nous expliquons l'approche utilisée dans l'étude de Sejdic [Séjdic07], qui a comme but de choisir le paramètre qui maximise la concentration d'énergie, ce paramètre contrôle l'écart type de la fenêtre d'analyse. Nous adaptons cet algorithme sur les deux fenêtres à tester, où chaque fenêtre a son propre paramètre à optimiser, pour obtenir ce que nous appellerons une enveloppe optimisée, OSSE (Optimized S-transform and Shannon Envelope).

Une étude comparative sera menée dans la section 3.7, pour choisir la fenêtre qui fournit une concentration d'énergie optimale sur des sons cliniques S1 et S2.

Etat de l'art

Plusieurs études ont essayé d'améliorer la représentation temps-fréquence de la transformée en S. Mansinha *et al.* ont introduit un paramètre à la transformée en S qui permet de mieux contrôler la fenêtre gaussienne [Mansinha97]. McFadden *et al.* ont proposé la transformée en S généralisée qui permet d'utiliser des fenêtres non symétriques [MCFadden99]. Une autre forme de la transformée en S généralisée est développée par Pinnegar *et al.* où l'échelle et la forme de la fenêtre sont fonction de la fréquence [Pinnegar03]. Les mêmes auteurs ont introduit une fenêtre bi-Gaussienne qui est constituée de deux fenêtres mi-gaussiennes non symétriques ce qui permet d'avoir des asymétries dans la représentation temps-fréquence et une résolution temporelle élevée vers l'avant (droite) [Pinnegar03a]. La première étude qui s'est intéressée à l'optimisation de la concentration d'énergie de la transformée en S, dans le sens de minimisation de l'étendue de la surface d'énergie autour du signal, était celle de Sejdic et son équipe par l'introduction d'un nouveau paramètre au niveau de la fenêtre gaussienne et en faisant varier ce paramètre jusqu'à obtenir la concentration d'énergie maximale [Sejdic07]. Pei *et al.* ont introduit une fenêtre spécifique afin d'éviter les inconvénients qui sont dû à la discrétisation de la transformée en S [Pei11].

Concentration d'énergie idéale dans le domaine TF

Idéalement, la représentation temps-fréquence ne contient de l'énergie que sur les fréquences et la durée du signal traité [Grochenig01]. Les fréquences voisines ne devront pas contenir de l'énergie et la contribution d'énergie des composantes du signal ne devront pas excéder leurs durées (figure 3.6).

Prenons comme exemple deux signaux simples, le premier signal FM donné par :

$$x(t) = A(t)e^{j\phi(t)} \tag{3.3}$$

Avec des variations d'amplitude lentes par rapport aux variations de phase :

$$|dA(t)/dt| << |d\phi(t)/dt| \tag{3.4}$$

La fréquence instantanée est défini par :

$$f(t) = (d\phi(t)/dt)/2\pi \tag{3.5}$$

Le deuxième signal qui a pour transformée de Fourier:

$$X(f) = G(f)e^{j\varphi(f)} \tag{3.6}$$

Avec des variations lentes de $G(f)$ devant $\varphi(f)$:

$$|dG(f)/df << d\varphi(f)/df| \tag{3.7}$$

Ces deux signaux peuvent être classés comme signaux asymptotiques. Les représentations temps-fréquences idéales (RTFI), sont [Stankovic94]:

$$RTFI_{x(t)}(t,f) = 2\pi A(t)\delta(f - \frac{1}{2\pi}\frac{d\phi(t)}{dt}) \tag{3.8}$$

$$RTFI_{x(f)}(t,f) = 2\pi G(f)\delta(t+\frac{d\varphi(f)}{df})\qquad(3.9)$$

Ces signaux sont parfaitement concentrés autour de la fréquence instantanée $(d\phi(t)/dt)/2\pi$ et le délai $-d\varphi(f)/df$.

Par exemples, pour un signal sinusoïdal pur, et pour une impulsion de Dirac $\delta(t-t_0)$ ses TF idéales et réels sont représentées dans la figure 3.6.

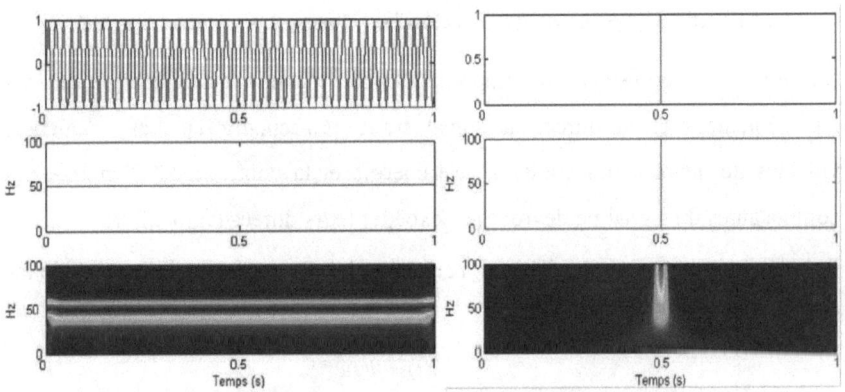

Figure 3.6: Comparaison entre les représentations TF idéales (au milieu) et réelles (en bas), pour un sinus de 50 Hz (à gauche) et un Dirac (à droite)

Fenêtre gaussienne avec le paramètre α

Reprenons l'équation de la fenêtre gaussienne dans la transformée en S classique :

$$g(t,\sigma) = \frac{1}{\sigma(f)\sqrt{2\pi}}e^{\frac{-t}{2\sigma(f)^2}}\qquad(3.10)$$

Tel que :

$$\sigma(f) = \frac{1}{|f|}\qquad(3.11)$$

Mansinha *et al.* ont introduit un paramètre α au niveau de la fenêtre gaussienne pour mieux contrôler son écart type [Mansinha97], σ(f) devient :

$$\sigma(f) = \frac{\alpha}{|f|} \qquad (3.12)$$

Ainsi, la transformée en S peut s'écrire :

$$S^{\alpha}(\tau, f) = \frac{|f|}{\alpha\sqrt{2\pi}} \int_{-\infty}^{+\infty} x(t) e^{\frac{-(t-\tau)^2 f^2}{2\alpha^2}} e^{-i2\pi ft} dt \qquad (3.13)$$

Si la valeur de α est petite, alors la fenêtre gaussienne est étroite dans le domaine temporel et large dans le domaine fréquentiel, ce qui induit une bonne résolution fréquentielle et une mauvaise résolution temporelle. Et inversement, si la valeur de α est petite (figure 3.7). Nous utilisons cette fenêtre pour choisir le paramètre α qui maximise la concentration d'énergie des sons cardiaques S1 et S2.

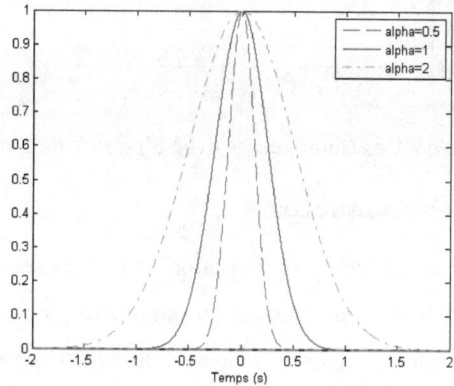

Figure 3.7 : Fenêtres Gaussiennes avec 3 valeurs de α différentes

Fenêtre gaussienne avec le paramètre p

Sejdic *et al.* ont introduit un paramètre *p* à la fenêtre gaussienne qui a le même but que α, $\sigma(f)$ devient :

$$\sigma(f) = \frac{1}{|f|^p} \qquad (3.14)$$

Ainsi, la transformée en S peut s'écrire :

$$S^p(\tau, f) = \frac{|f|^p}{\sqrt{2\pi}} \int_{-\infty}^{+\infty} x(t) e^{\frac{-(t-\tau)^2 f^{2p}}{2}} e^{-i2\pi ft} dt \qquad (3.15)$$

La valeur de p contrôle également la largeur de la fenêtre gaussienne (figure 3.8). Si la valeur de p est grande, la fenêtre est étroite et si p est petite, la fenêtre devient plus large. La valeur de p qui maximise la concentration d'énergie des sons cardiaques S1 et S2 sera choisie.

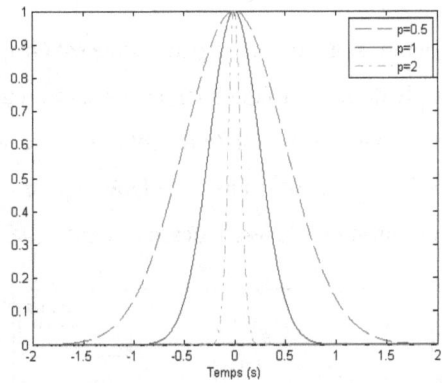

Figure 3.8: Fenêtres Gaussiennes avec 3 valeurs de p différentes

Algorithme d'optimisation

Deux versions de l'algorithme d'optimisation sont proposées dans [Sejdic07]. La première version essaye de trouver un paramètre global qui maximise la concentration d'énergie sur toute la longueur du signal. La deuxième version consiste à trouver le paramètre optimal à chaque instant du signal. Nous adoptons la première version pour des critères de complexité algorithmique. L'algorithme d'optimisation qui sera implémenté a pour but d'optimiser un paramètre donné (α ou p). Chaque paramètre est testé d'une façon indépendante de l'autre ; lorsque α varie, p est fixé à 1 et lorsque p varie, α est fixé à 1. Prenons la variable α comme exemple, les différentes étapes de l'algorithme d'optimisation sont les suivantes :

3　Pour chaque valeur de α entre 0.5 et 2 avec un pas de 0.1, on calcule la transformées en S correspondante, nommons la $S_x^\alpha(t, f)$.

4　Une phase de normalisation des transformées en S est appliquée :

$$\overline{S_x^\alpha(t,f)} = \frac{S_x^\alpha(t,f)}{\sqrt{\int\limits_{-\infty}^{+\infty}\int\limits_{-\infty}^{+\infty}\left|S_x^\alpha(t,f)\right|^2 dtdf}}$$

(3.16)

5 Pour chaque valeur de α, on calcule la concentration d'énergie suivante :

$$CM(\alpha) = \frac{1}{\int\limits_{-\infty}^{+\infty}\int\limits_{-\infty}^{+\infty}\left|\overline{S_x^\alpha(t,f)}\right|dtdf}$$

(3.17)

Stankovic et al. [Stankovic01], ont déjà proposé cette mesure de concentration qui a montré quelques avantages sur d'autre mesures proposées dans [Jones90], [Williams91].

6 La valeur α optimale, est celle qui donne une concentration d'énergie maximale :

$$\alpha_{opt} = \arg\max_\alpha (CM(\alpha))$$

(3.18)

7 La transformée en S qui correspond à la valeur α optimale est choisie :

$$S_x^\alpha(t,f) = S_x^{\alpha_{opt}}(t,f)$$

(3.19)

La valeur de est choisie entre 0.5 et 2, pour

c. Algorithme de recherche des extrémités : basé sur l'enveloppe SSE optimisé (OSSE)

L'enveloppe SSE de la transformée en S optimisée est calculée. Nous divisons l'enveloppe en deux parties ; la première partie se situe à gauche de l'instant L(i) et la deuxième partie à droite de L(i). Un seuil de 10% de la valeur maximale de chaque segment est appliqué dans les deux sens. Les extrémités sont déterminées en fonction des points d'intersections des seuils avec l'enveloppe SSE. Si toutes les valeurs de l'enveloppe SSE sont plus grandes que la valeur du seuil, les extrémités sont déterminées automatiquement par les extrémités du segment lui-même, qui a comme longueur 150 ms. Pour la partie gauche, le premier point d'intersection est considéré comme le début du son S1 ou S2. Pour la partie droite, s'il ya plusieurs points d'intersections, le premier point qui a une distance plus grande que 50 ms de L(i) est considéré comme la fin du son cardiaque. Étant donné que dans le cas d'un « split » dans les sons cardiaques (figure 3.9), la distance entre les deux composantes séparées ne peut pas excéder les 50 ms [Hurst90]. Nous ignorons donc, n'importe quel point détecté dans l'intervalle [L(i), L(i)+50ms]. S'il n'y a pas de points d'intersections qui sont plus éloignés de 50 ms de L(i), l'algorithme proposé choisit l'extrémité du segment comme extrémité droite (fin) du son cardiaque. Le module qui résume l'algorithme de recherche des extrémités des sons cardiaques est illustré dans la figure (3.10).

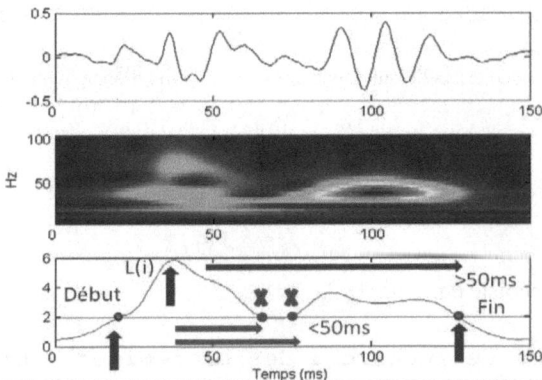

Figure 3.9: Exemple d'un son cardiaque S2 avec un split (en haut), transformée en S optimisée (milieu), enveloppe OSSE (en bas) et le processus de recherche des extrémités, début et fin (seuil élevé choisit volontairement pour illustrer l'algorithme de recherche).

Nous notons que le seuil choisit dans la figure 3.9, est un seuil volontairement élevé, ceci pour illustrer le principe de l'algorithme de recherche des extrémités et sa gestion des cas particuliers (liés aux connaissances biomédicales).

La figure 3.11, montre l'intérêt de la phase d'optimisation sur la détection des extrémités sur un son S1 et S2. Cet algorithme s'applique aussi bien sur des sons normaux que pathologiques (figure 3.12). La robustesse et la précision de l'algorithme OSSE sont testées dans la suite.

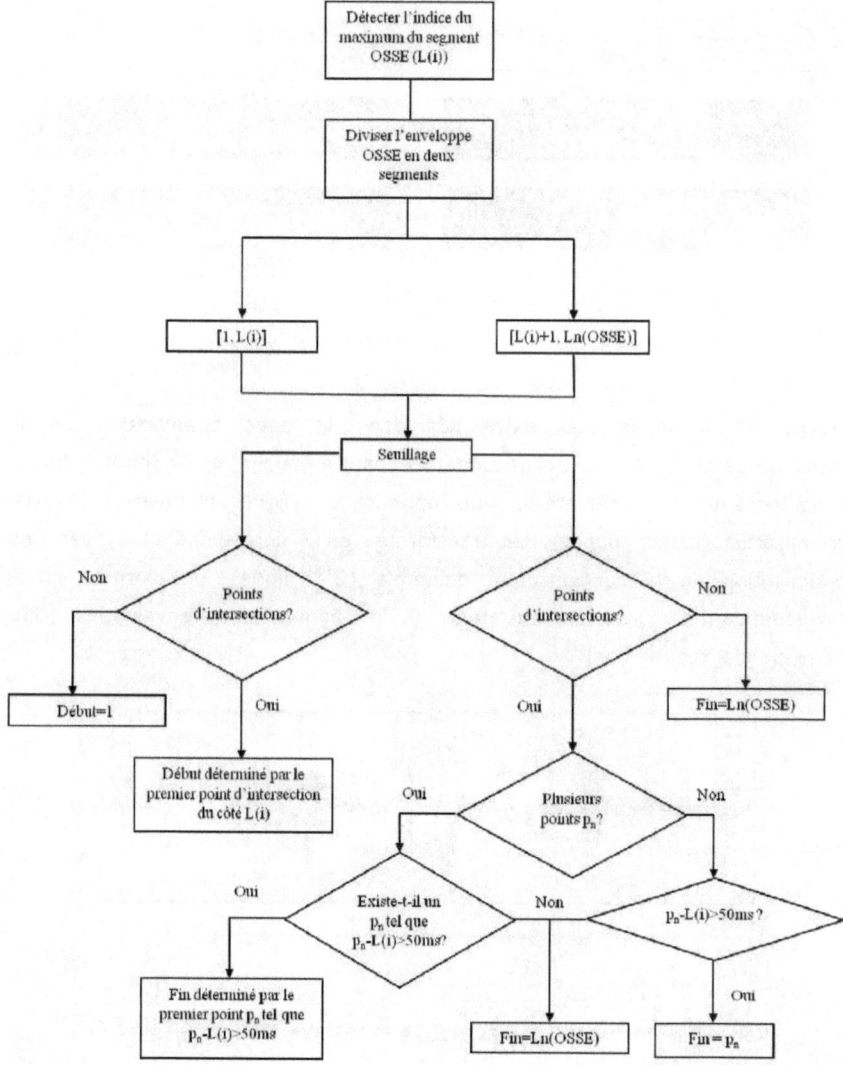

Figure 3.10: Organigramme de l'algorithme de recherche des extrémités basé sur l'enveloppe OSSE.

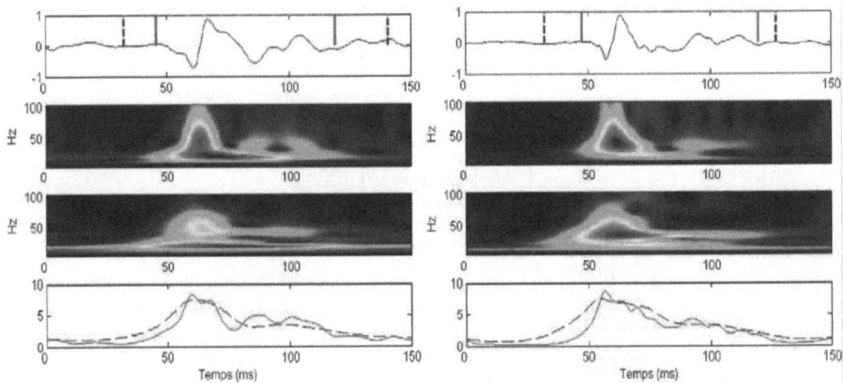

Figure 3.11: Détection des extrémités sans et avec optimisation de la transformée en S : exemple d'un signal S1 (haut à gauche) et S2 (haut à droite) avec les extrémités détectées, sans optimisation (lignes pointillées) et avec optimisation (lignes rouges), les transformée en S correspondantes avec une optimisation de la concentration d'énergie (2ème ligne), transformée en S correspondantes sans optimisation (3ème ligne), les enveloppes SSE correspondantes (en bas).

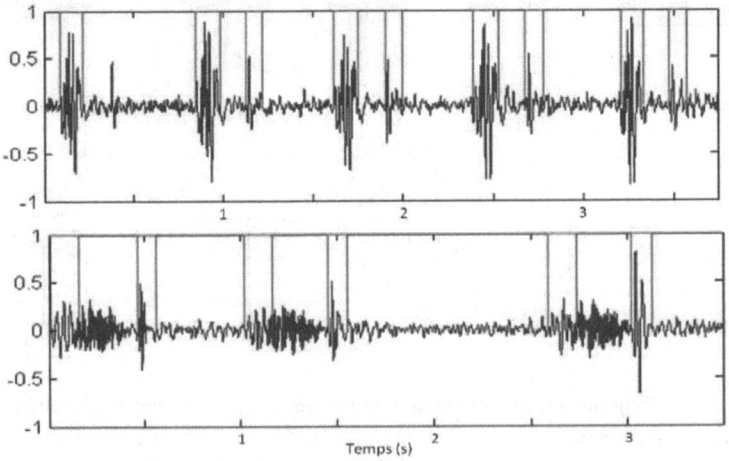

Figure 3.12 : Détection des extrémités d'un son normal (en haut) et un son pathologique (en bas) par la méthode OSSE.

3.3. Classification S1/S2

La dernière partie de la phase de segmentation des sons cardiaques, est la classification des sons localisés entre S1 et S2. Nous adoptons dans ce chapitre, le critère classique du temps systolique et diastolique pour la classification de S1 et S2. Normalement la phase systolique est plus régulière et plus courte que la phase diastolique, sauf dans certains cas spécifiques. Donc S1 est le premier son de l'intervalle le plus court (systole) et S2 est le premier son de l'intervalle le plus long (diastole). La simplicité de cette méthode est considérée comme un avantage, par contre, plusieurs problèmes apparaissent avec cette méthode non-supervisée :

- La méthode est très dépendante des résultats de localisation des sons cardiaques.

- Les critères utilisés ne sont plus valides pour certains types de pathologies cardiaques, comme la tachycardie par exemple. De plus, même pour des cas normaux, lors d'une fréquence cardiaque élevée (en cours d'une activité sportive par exemple), le même problème se présentera [Ronved11].

Donc, des informations préliminaires sur le sujet traité sont indispensables pour cette approche. Nous proposons des solutions pour ces problèmes, qui seront abordées en détail dans le chapitre 4.

3.4. Choix de la fenêtre de la transformée en S

Nous nous intéressons dans cette section au choix de la fenêtre de la transformée en S. Nous avons présenté précédemment deux fenêtre gaussiennes basées sur deux paramètres différentes, appelés α et p. Le but est de choisir la fenêtre qui génère une concentration d'énergie plus élevée dans le domaine TF, appliquée aux signaux cardiaques S1 et S2. Pour cela, nous proposons une mesure de performances basée sur la concentration d'énergie pour α et p. La mesure est appliquée sur des signaux S1 et S2 issus de la base de donnée et les résultats sont comparés avec la transformée en S classique (sans optimisation de la concentration d'énergie ; $\alpha=1$ et $p=1$).

L'étude du choix optimal de α_{opt} et de p_{opt}, est réalisée sur 80 sons S1 et 80 sons S2, ces sons correspondent aux 66 différents sujets. Pour chaque signal S1 ou S2 le calcul de la concentration d'énergie maximale (unité relative normalisée pour tous les signaux) est calculée en fonction de α et de p. La valeur moyenne et l'écart-type sur les concentrations d'énergies maximales CM (α_{opt}) et CM(p_{opt}) sont calculées séparément pour S1 et S2 et globalement (Total). Ces résultats sont résumés dans le Tableau 3.1.

S-Transform	α_{opt}	CM(α_{opt})	p_{opt}	CM(p_{opt})	CM$_{\alpha=1,p=1}$
S1	0.82±0.45	0.0185±0.0017	1.1±0.5	0.0186±0.0018	0.0177±0.0015
S2	0.55±0.3	0.0186±0.0015	1.37±0.5	0.0186±0.0018	0.0175±0.0014
Total	0.68±0.37	**0.0185±0.0016**	1.23±0.5	**0.0186±0.0018**	0.0176±0.0015

Tableau 3.1 · Mesures des concentrations d'énergies maximales obtenues par α_{opt} et p_{opt} pour des sons cardiaques S1 et S2 et comparaison avec la concentration d'énergie de la transformée en S classique $\alpha=1$ et $p=1$.

Les résultats obtenues dans le tableau (3.1) montrent qu'il n'y a pas de différence significative entre les concentrations d'énergie maximales (optimales) obtenue par α et p, avec une légère préférence pour la dernière (CM$_{opt}$(p)=0.0186). D'autre part, la valeur moyenne de la concentration d'énergie pour la transformée en S classique ($\alpha=1$ et $p=1$) est de 0.0176, ce qui montre l'influence de l'optimisation sur la concentration d'énergie (>5%).

Nous pouvons également remarquer que les valeurs de α optimales sont souvent inferieures à 1 et les valeurs de p optimales sont souvent supérieures à 1. Dans les deux cas, ceci exprime le rétrécissement de la largeur de la fenêtre gaussienne temporelle nécessaire dans la transformée en S afin d'obtenir une concentration d'énergie optimale, figure (). Par contre, une largeur très petite de la fenêtre gaussienne détériore la résolution fréquentielle, le compromis entre résolution fréquentielle et temporelle est réalisé par la phase d'optimisation basée sur la mesure de la concentration d'énergie maximale. Puisqu'il n'y a pas une différence claire entre les performances obtenues avec α et p, nous adoptons par la suite le choix de la fenêtre basée sur le paramètre α. Nous montrerons dans la phase de classification que ce choix s'avère judicieux.

Nous notons également que les valeurs de α et p optimales diffère entre S1 et S2. Ceci signifie que le paramètre optimal qui génère la concentration d'énergie maximale, pourra être utilisé comme un descripteur des sons S1 et S2. Nous abordons cette possibilité en détails dans le chapitre 4.

Comparaison de différentes transformations TF

Nous proposons également de réaliser une comparaison de plusieurs transformations TF, appliquées sur les signaux S1 et S2. Le critère de comparaison est la mesure de performance utilisée précédemment.

Les transformations comparées sont :

- La transformée en S classique $S_x(t,f)$ (ST : S-Transform, $\alpha=1$ et $p=1$).

- La transformée en S optimale, $S_x^{\alpha}(t,f)$.

- La transformée de Fourier à court terme (Short Time Fourier Transform, STFT), avec une fenêtre d'analyse gaussienne:

$$STFT(\tau, f) = \int_{-\infty}^{+\infty} x(t)w(t-\tau)e^{-j2\pi ft}dt \qquad (3.20)$$

- La transformée de Fourier à court terme adaptative (Adaptatif Short Time Fourier Transform). La fenêtre gaussienne adaptative est définit par :

$$w_{ASTFT}(t) = \frac{1}{\sigma_g \sqrt{2\pi}} e^{\frac{-t^2}{2\sigma_g^2}} \qquad (3.21)$$

Avec σ_g est l'écart type de la fenêtre gaussienne w_{ASTFT}, dont on cherche la valeur qui maximise la concentration d'énergie. σ_g est égale à 1 dans le cas de STFT.

Résultats

On reprend l'étude précédente sur les 80 signaux, on ne compare que la valeur de l'énergie maximale. Les résultats sont présentés dans le Tableau 3.2.

La concentration d'énergie la plus élevée est celle de la transformée en S optimisée par rapport aux autres transformées TF linéaires étudiées.

TF	ST	$S_{\alpha opt}$	STFT	ASTFT
S1	0.0177±0.0015	0.0185±0.0017	0.0179±0.0018	0.0181±0.0015
S2	0.0175±0.0014	0.0186±0.0015	0.0182±0.0016	0.0183±0.0018
Total	0.0176±0.0015	**0.0186±0.0018**	0.0180±0.0017	0.0182±0.0017

Tableau 3.2 : Comparaison des concentrations d'énergies maximales, obtenues avec 3 transformations temps-fréquence (ST, STFT et ASTFT).

Ceci est conforme avec les résultats obtenus dans [Sejdic07] sur des signaux synthétiques (non cardiaques). Il faut noter, que les résultats obtenues avec le STFT, sont supérieurs aux celles de la transformée en S classique sans optimisation. Ceci consolide, le choix de la transformée en S optimisée comme une représentation TF des signaux cardiaques.

3.5. Evaluation de l'optimisation de la transformée en S

Nous proposons dans cette section, une étude comparative des deux approches pour la détection des extrémités des sons cardiaques S1 et S2. Les deux approches sont basées sur le domaine TF, la première méthode est nommée SSE qui suit les mêmes démarches expliquées dans la section 3.4, mais sans la phase d'optimisation de la transformée en S. La deuxième méthode est la méthode OSSE de la section 3.4 (avec la phase d'optimisation). Le but est d'évaluer la contribution de la phase d'optimisation dans le contexte de détection précise des extrémités des sons cardiaques. La comparaison sera basée sur différentes critères :

- La précision de la détection des extrémités de S1 et S2 ; une mesure manuelle est faite par le cardiologue en utilisant le logiciel « Stetho » développé sous la licence d'Alcatel-Lucent. Ces mesures sont considérées comme des références pour comparer les résultats des algorithmes mis en jeu.

- Comme pour les méthodes de localisation, la diversité de la base de données qui contient des sons réels, normaux et pathologiques, acquis par plusieurs cardiologues et par différentes stéthoscopes électroniques (prototypes), peut être vu comme un critère important de comparaison entre les différentes méthodes, le but final étant d'avoir un outil qui sera opérationnel dans des conditions similaires.

- La variation de mesures en fonction du niveau du signal sur bruit (SNR). Nous testons trois niveaux du bruit (SNR=10dB, 5dB, et 0dB), le premier niveau représente les différentes sources du bruit présent pendant l'auscultation, les deux autres niveaux sont dus aux bruits gaussiens ajoutés (même protocole que le chapitre 1).

- Nous comparons également la complexité de chaque méthode, en termes de temps du calcul nécessaire dans des conditions similaires.

L'enveloppe SSE est utilisée pour localiser les sons cardiaques dans les deux méthodes testées. Une fenêtre centrée de 150 ms est appliquée au niveau de chaque son localisé (fenêtre SSE). Cette fenêtre contient la transformation en S classique, et uniquement dans cette fenêtre est appliquée la transformée en S optimisée (méthode OSSE, fenêtre OSSE). L'algorithme de recherche d'extrémités qui gère certains cas biomédicaux (Figure 3.9) est appliqué sur les deux fenêtres.

Les résultats des algorithmes de détection des extrémités sont vérifiés manuellement (expertise du cardiologue); les résultats des segments mal segmentés sont exclus de l'étude, ainsi que les segments non mesurables par le cardiologue (environ 5 sons). Nous notons également que les mesures faites par le cardiologue sont issus des signaux réels sans aucun bruits additifs (SNR=10dB). La durée moyenne des sons S1 et S2 est calculée par rapport à chaque sujet de la base de données. La moyenne des durées pour tous les sujets, est également calculée pour comparer les deux méthodes (Tableau 3.3).

Mesure des durées de S1 et S2

Les résultats du tableau (3.3) montrent que les durées mesurées par la méthode SSE sont souvent supérieures aux durées mesurées par la méthode OSSE, et que les résultats de cette dernière se rapproche des valeurs données par le cardiologue, la précision des mesures est supérieure après la phase d'optimisation. Pour la plupart des signaux à 5dB et 0 dB, il n'est plus possible par l'expert de déterminer les intervalles de S1 et S2, dans ces deux cas les outils de traitement du signal trouvent un intervalle plus grand (ils incluent S1 et S2). Pour toutes ces mesures l'écart-type reste de l'ordre de la fréquence d'échantillonnage (2 KHz correspondent à 0.5 ms).

Méthodes	S1 (ms)			S2 (ms)		
	10dB	5dB	0dB	10dB	5dB	0dB
SSE	122.4±7.2	127.8±9.6	139.3±6	95.2±8.3	101.2±7.4	103.4±6.4
OSSE	110.7±4.32	113.6±6.5	137.1±5.3	69.1±5.4	77.9±8.2	94.2±4.7
Référence		105.8±6			74.8±5.65	

Tableau 3.3. Mesures des durées moyennes des sons S1 et S2 mesurées automatiquement par les méthodes SSE et OSSE sur trois niveaux des bruits. La référence représente les mesures faites par le cardiologue.

La même valeur du seuil appliquée dans la phase de recherche des extrémités est choisie dans les deux méthodes (10 % de la valeur maximale).

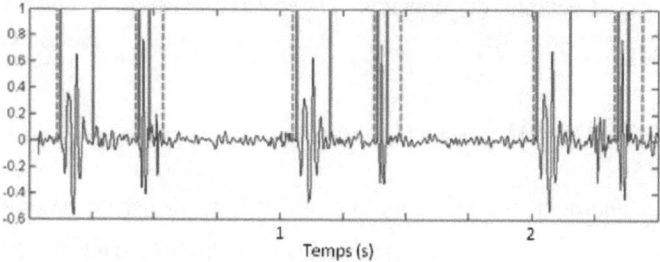

Figure 3.13: Résultats des détections des extrémités sans (lignes pointillées) et avec (lignes pleines) la phase d'optimisation.

Mesure du temps d'exécution

La durée d'exécution des deux approches est également comparée. Elles sont testées sur un son cardiaque de longueur 8 secondes qui contiennent 9 cycles cardiaques (9 S1 et 9 S2). Le temps du calcul de l'algorithme de localisation est inclus. Le processus d'optimisation au niveau de chaque son cardiaque, augmente le temps d'exécution pour atteindre 5.5 secondes pour la méthode OSSE (dont 2.1 secondes pour la méthode SSE, sans optimisation de la transformée en S). Le test est réalisé avec MATLAB, sur une machine de 1 Go de RAM et 1.6 GHz comme processeur (CPU).

Méthode	Temps(s)
SSE	2.1
OSSE	5.5

Tableau 3.4 : Durées d'exécutions en secondes, des algorithmes SSE et OSSE, appliquées sur un son de longueur 8 s avec 9 cycles cardiaques.

Le temps d'exécution est un facteur important pour une application d'aide au diagnostic. On peut remarquer que le temps supplémentaire pour la méthode OSSE est acceptable sans optimisation de l'algorithme de recherche du paramètre optimal.

Enfin, il est intéressant de signaler, qu'une amélioration du temps du calcul est toujours possible, en implémentant la transformée en S discrète rapide par exemple [Brown08]. Reste à étudier l'effet de la version discrète, sur la concentration d'énergie du domaine TF et sa précision de détections des extrémités.

3.6. Conclusion

Nous avons abordé dans ce chapitre la problématique de segmentation des sons cardiaques. La localisation des sons cardiaques discutée dans le chapitre 1, représente la première phase de la méthode de segmentation. Une deuxième phase très importante est la détection des extrémités des sons localisés S1 et S2. Ce qui a été discuté largement dans ce chapitre.

Nous avons présenté les trois approches menées dans la littérature qui concernent les détections des extrémités de S1 et S2. Ensuite nous avons proposé une nouvelle méthode basée sur la concentration d'énergie optimale de la transformée en S, elle peut être classée dans la même catégorie de la méthode proposée dans [Liang98]. Nos contributions dans le cadre des méthodes de détections des extrémités des sons cardiaques, se résument de la façon suivante :

- Une optimisation de la concentration d'énergie de la transformée en S (OSSE) pour la recherche des extrémités des sons cardiaques pour obtenir une précision plus élevées de la fenêtre de S1 et S2. Le paramètre d'optimisation α sera conservé pour la suite de l'étude.

- Nous avons proposé un algorithme de recherche pour la détection des extrémités, qui intègre certains cas biomédicaux, comme le split dans S1 ou S2.

Nous pouvons signaler, que la phase d'optimisation de concentration pourra réduire l'influence du choix du seuil utilisé pour détecter les extrémités. Ceci n'a pas été justifié expérimentalement durant ce chapitre. Une variation du seuil et une mesure de son influence sur les durées de S1 et S2 pour chaque méthode, pourra affirmer ou rejeter cette hypothèse.

En outre, il est probable que le paramètre d'optimisation α, devienne un descripteur des sons S1 et S2, utilisé dans le chapitre 4. Dans ce chapitre pour discriminer S1 de S2, nous avons adopté le critère classique (parfois insuffisant) qui se base sur les durées des temps systolique et diastolique.

3.7. Références

Auger F.,
Comparaison de la résolution et de la concentration de quelques représentations temps-fréquence et de leurs versions modifiées par la technique de réallocation, quatorzième colloque Gretsi – Septembre 1993.

Brown Robert, Frayne Richard,
A Fast Discrete S-Transform for Biomedical Signal Processing, 30th Annual International IEEE EMBS Conference, Vancouver, Canada, August 20-24, 2008.

Choi S, Jiang Z
Comparison of Envelope Extraction Algorithms for Cardiac Sound Signal Segmentation. Expert Systems with Applications 2008, 13: 1056-1069.

Gupta CN, Palaniappan R, Swaminathan S, Krishnan SM.
Neural Network Classification of Homomorphic Segmented Heart Sound. Applied Soft Computing 2007, 7: 286-297.

Grochenig K.,
Foundations of Time-Frequency Analysis, Birkh"auser, Boston, Mass, USA, 2001.

Hurst JW.
The heart arteries and veins, 7th ed. McGraw- Hill Information Services Company, New York 1990: Ch.14: 175-242.

Jones D. L. and Parks T. W.,
A high resolution data-adaptive time-frequency representation," IEEE Transactions on Acoustics, Speech, and Signal Processing, vol. 38, no. 12, pp. 2127–2135, 1990.

Kumar D, Carvalho P, Antunes M, Henriques J, e Melo AS, Habetha J
Heart Murmur Recognition and Segmentation by Complexity Signatures. In Proceedings of the 30th IEEE EMBS Annual Conference 2008.

Liang H, Lukkarinen S, Hartimo I
Heart Sound Segmentation Algorithm Based on Heart Sound Envelograms. Computers in Biology 1997, 24: 105-108.

Liang H, Lukkarinen S, Hartimo I,
"A boundary modification method for heart sound segmentation algorithm", Computers in Cardiology, pp.593-595, 13-16 Sept., 1998.

McFadden P.D, Cook J.G, and Forster L.M,
Decomposition of gear vibration signals by the generalized S-transform," Mechanical Systems and Signal Processing, vol. 13, no. 5, pp. 691–707, 1999.

Mansinha L., Stockwell, R. G., and Lowe, R. P.,
Pattern analysis with two-dimensional spectral localisation: Applications of twodimensional S transforms: Physica A, 239, 1997, 286–295.

Pinnegar C.R and Mansinha L,
The S-transform with windows of arbitrary and varying shape, Geophysics, vol. 68, no. 1,pp. 381–385, 2003.

Pinnegar C.R and Mansinha L,
The bi-Gaussian Stransform, SIAM Journal of Scientific Computing, vol. 24, no. 5, pp. 1678–1692, 2003.

Pei Soo-Chang, Pai-WeiWang, Jian-JiunDing, Chia-ChangWen,
Eliminationofthediscretizationside-effectintheStransform using foldedwindows, Signal Processing 91(2011)1466–1475.

Robert C. Schlant and R.
Wayne Alexander (editors), "The Heart Arteries and veins", 8th ed., vol. 1, McGraw Hill Inc., 1994, Ch. 11.

Ronved S.M.M, Gjerlov I., Brokjaer A., Schmidt S.E.,
Phonocardiographic recordings of first and second heart sound in determining the systole diastole ratio during exercise test, Nordic-Batlic conference on biomedical engineering and medical physics, Aalgborg 2011.

Stankovic L.J.,
Analysis of some time-frequency and timescale distributions, Annales des Telecommunications, vol. 49, no. 9-10, pp. 505–517, 1994.

Stankovic L.J., "Measure of some time-frequency distributions concentration," Signal Processing, vol. 81, no. 3, pp. 621–631, 2001.

Samit Ari, Prashant Kumar, and Goutam Saha,
On An Algorithm for Boundary Estimation of Commonly Occurring Heart Valve Diseases in Time Domain, India Conference, 2006 Annual IEEE, 10.1109/INDCON.2006.302758.

Williams W. J., Brown M. L., and Hero A. O.,
Uncertainty, information, and time-frequency distributions, in Advanced Signal Processing Algorithms, Architectures, and Implementations II, vol. 1566 of Proceedings of SPIE, pp. 144–156, SanDiego, Calif, USA, July 1991.

Chapitre 4.

Classification des signaux cardiaques

4.1. Introduction

Le domaine de classification des signaux cardiaques, comme tous les domaines de classifications qui ont un lien avec l'aide à la décision médicale, englobe plusieurs disciplines, comme l'intelligence artificielle, le traitement du signal, l'ingénierie du logiciel et des connaissances, avec en plus, l'aspect médical. L'avis d'un expert du domaine médical, est indispensable pour concevoir un système capable d'être utilisé dans des conditions cliniques ou à domicile. La manière utilisée par l'expert pour analyser et proposer un diagnostic, doit être prise en compte lors du développement du système. En outre, des descripteurs spécifiques devront être extraits pour révéler la richesse du système biologique étudié et qui seront la base des systèmes de classifications qui sont censés prendre la « décision ».

Après la segmentation du signal cardiaque en quatre parties : S1, systole, S2 et diastole ; ce qui a été le principal objectif des chapitres 2 et 3, une phase d'extraction des descripteurs est nécessaire pour caractériser chaque partie. Le choix des descripteurs (ou caractéristiques, ou signatures) est crucial pour une bonne décision dans un système de classification. Elle a pour rôle de réduire les vecteurs brut du signal à une dimension où l'information peut être localisée et concentrée pour fournir une discrimination maximale entre les différentes classes. Après la génération des descripteurs, généralement une phase de sélection des descripteurs pertinents est nécessaire; pour diminuer l'ensemble des descripteurs initiaux ce qui est très important en terme de complexité de l'application et de temps de réponse vis-à-vis de l'utilisateur final. En outre il faut sélectionner les attributs efficaces pour maximiser le taux de classification. Plusieurs algorithmes de sélection existent, ils peuvent être classés en trois principaux groupes; « filters », « wrappers » et « embedders » où la différence entre ces approches est principalement liée à la stratégie d'exploitation de l'ensemble des attributs existants. Enfin, le choix du classificateur et son architecture est crucial pour les performances du système de classification. L'évaluation de la performance du classificateur est réalisée par l'approche de la validation croisée. Nous avons essayé d'illustré d'une façon très globale, ces différentes étapes, citées ci-dessus, dans le cadre de classification des sons cardiaques, dans la figure 4.1. Pour plus d'informations sur les approches qui concernent les différentes étapes des systèmes de classifications, le lecteur est invité à consulter la référence suivante [Theodoridis09].

Plusieurs études dans la littérature se sont intéressées au domaine de classification des sons cardiaques ; pour différencier les sons normaux des sons pathologiques [Cathers95], [Leung00] ou bien pour discriminer les murmures innocents des murmures pathologiques [DeGroff01], [Devos07], ainsi que la détection des pathologies spécifiques, comme les maladies des artères coronaires [Akay92], [Tateishi01] ou les maladies des valves cardiaques [Ahlstrom06], [Pavlopoulos04].

Dans ce chapitre, nous nous intéressons plus spécifiquement à la phase d'extraction des descripteurs et des vecteurs d'attributs, afin de les évaluer dans un contexte médical bien précis. Nous divisons ce chapitre en deux sections principales ; la première s'intéresse à la classification des sons S1 et S2. Cette problématique de classification, fait normalement l'objet de la phase de segmentation, mais nous essayerons de proposer des solutions pour des cas exceptionnels qui se manifestent en présence de certaines pathologies cardiaques où l'approche classique utilisée dans la littérature pour discriminer S1 de S2 est défaillante. Dans un premier temps, nous étudions les paramètres optimaux obtenus par le processus d'optimisation de la concentration d'énergie de la transformée en S (OSSE, chapitre 3) pour voir leurs capacités à discriminer les signaux S1 et S2. Nous proposons également deux méthodes pour l'extraction des vecteurs d'attributs dans le contexte de classification du premier et du deuxième son cardiaques, la première sera basée sur les vecteurs singuliers du domaine TF obtenus par la transformée en S. La deuxième méthode sera basée sur la décomposition modale empirique (EMD) et l'énergie de Shannon des fonctions intrinsèques.

Une deuxième section, abordée dans ce chapitre, s'intéressera à la classification des sons cardiaques entre sons normaux et sons pathologiques qui ont des souffles systoliques de différentes origines. Pour cela nous testons des descripteurs qui sont issus du domaine non-linéaire afin de détecter les souffles par leurs signatures complexes. Enfin, nous comparerons les résultats obtenues avec les résultats qui existent dans la littérature et nous essayerons d'en tirer les conclusions.

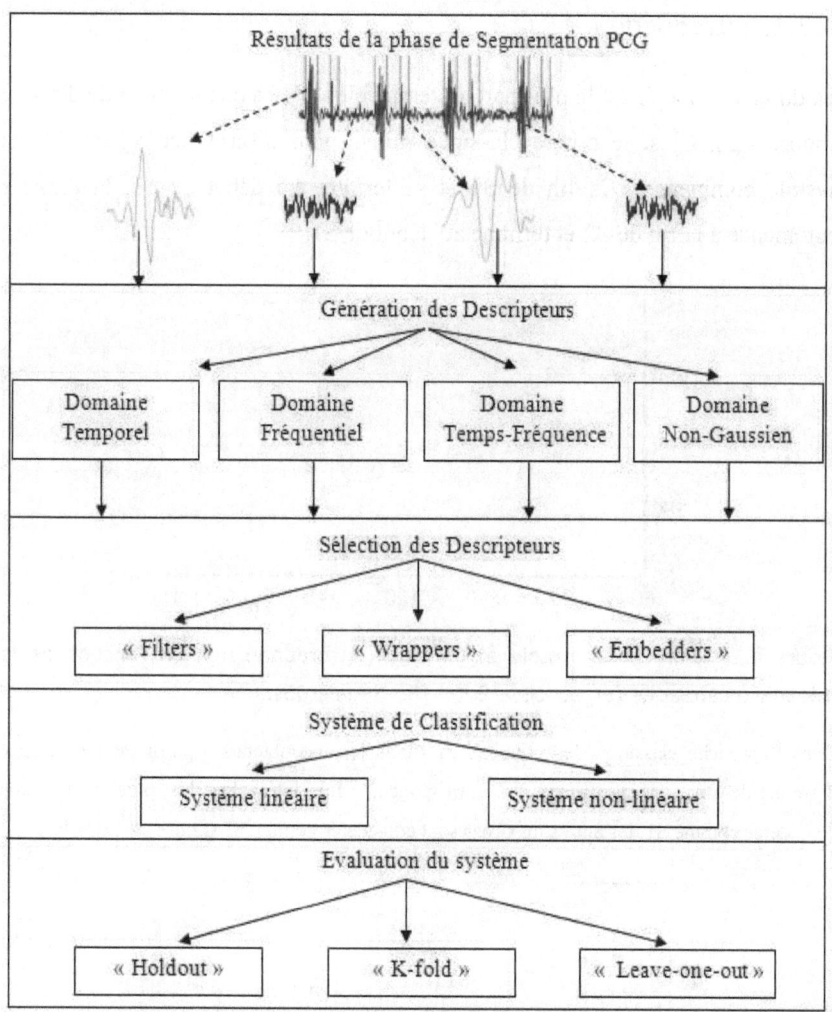

Figure 4.1 : Module générale de classification appliqué aux signaux cardiaques avec les différents choix existants à chaque étape.

4.2. Classification des sons S1 et S2

4.2.1. Introduction

La durée de systole est la plus part du temps plus courte que la durée de diastole (figure 4.2). C'est le critère classique utilisé pour discriminer S1 de S2 ; la systole commence à la fin de S1 et se termine au début de S2, la diastole commence à la fin du S2 et termine au début de S1.

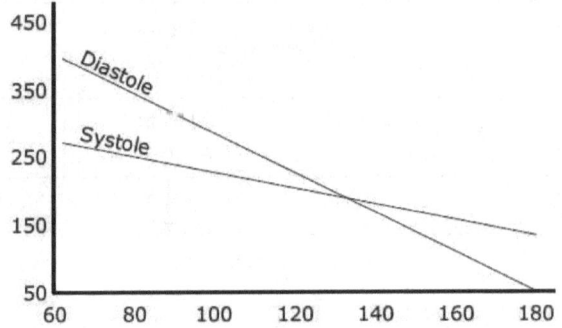

Figure 4.2 : Durées de systole et diastole (en ordonné ms) en fonction de la fréquence cardiaque (en abscisse BPM) [EL-Segaier05].

Dans l'approche classique, les premiers maximas locaux, obtenus à partir de l'enveloppe d'amplitude du son cardiaque, qui correspondent aux intervalles les plus courts sont considérés comme S1, les autres maximas sont considérés comme S2 (figure 4.3).

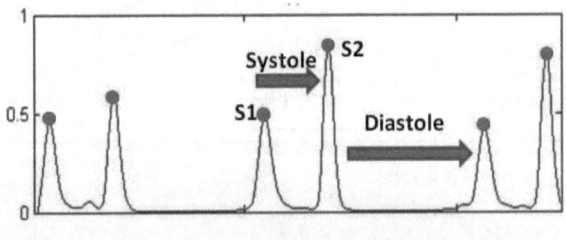

Figure 4.3 : Enveloppe d'un son cardiaque et processus de discrimination entre S1 et S2 en se basant sur la durée de systole et diastole.

Une approche un peu différente est utilisée dans l'étude de Hebden *et al.*, dans laquelle ils classifient S1 et S2 par une approche supervisée en utilisant les réseaux de neurones [Hebden96], mais les descripteurs utilisés sont issus du domaine temporel nécessitant le temps de systole et diastole.

Le problème avec ces descripteurs (temps systolique et diastolique) est qu'ils ne seront plus opérants dans certains cas pathologiques comme la tachycardie cardiaque par exemple (figure 4.4).

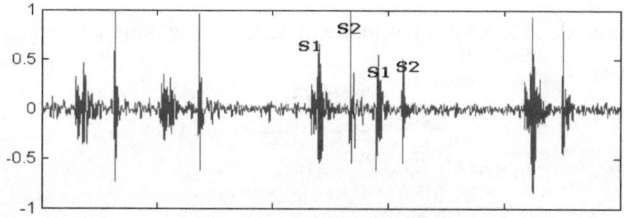

Figure 4.4 : Signal PCG en présence d'une tachycardie cardiaque

Une solution a été proposée récemment par Kumar *et al.*, elle consiste à détecter la signature de plus hautes fréquences de S2 [Kumar11] ; ceci est dû au fait que S2 correspond à la fermeture de la valve sigmoïde aortique dans un contexte de pression élevé au niveau du ventricule gauche, alors que la fermeture de la valve mitrale associé avec S1 correspond à une pression basse au niveau de ventricule gauche. Kumar et son équipe proposent de détecter la signature haute fréquence du S2 en calculant l'énergie de Shannon des coefficients d'ondelettes [Kumar11].

Nous proposons dans le même contexte une étude des descripteurs qui peuvent être des candidats pour la discrimination S1 de S2. Au début, nous étudions les paramètres optimaux (α et p voir chapitre 3) qui correspondent à la concentration d'énergie maximale obtenues sur des signaux S1 et S2, pour voir leurs capacités de discrimination des deux types des signaux. Ensuite, nous proposons deux méthodes d'extractions des descripteurs basées sur la technique de décomposition en vecteurs singuliers, pour discriminer S1 de S2, la première méthode se base sur la matrice temps-fréquence menée de la transformée en S. La deuxième méthode se base sur l'énergie de Shannon de fonctions intrinsèques obtenues par la méthode EMD (Empirical Mode Decomposition) ou décomposition en mode empirique.

4.2.2. Nouveaux descripteurs

Le paramètre qui maximise la concentration d'énergie de la transformée en S est testé dans le contexte de classification entres les signaux S1 et S2. Reprenons les deux paramètres utilisés dans le chapitre 3. Le premier paramètre α intervient dans l'équation de la fenêtre gaussienne de la façon suivante :

$$\sigma(f) = \frac{\alpha}{|f|} \tag{4.1}$$

Et le deuxième paramètre p :

$$\sigma(f) = \frac{1}{|f|^p} \tag{4.2}$$

Avec $g(t,\sigma)$ la fenêtre d'analyse gaussienne utilisée dans la transformée en S :

$$g(t,\sigma) = \frac{1}{\sigma(f)\sqrt{2\pi}} e^{\frac{-t^2}{2\sigma(f)^2}}$$

(4.3)

Ces paramètres, révèlent d'une façon indirecte le comportement temps-fréquence des signaux étudiés, en influant sur l'écart-type de la fenêtre d'analyse. Notre objectif est d'évaluer ce type de paramètre, dans un contexte de descripteur qui sert à discriminer les deux classes constitués par les signaux (S1 et S2 dans notre cas). Cette optimisation a fait l'objet d'une étude reportée dans le chapitre précédant, nous retraçons dans la figure 4.5 le résultat sur deux signaux S1 et S2.

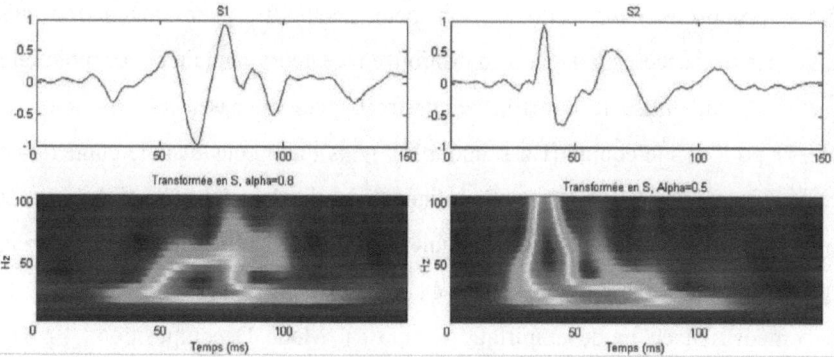

Figure 4.5 : Un signal S1 (à gauche) avec sa transformée en S optimale qui correspond à α=0.8 et un signal S2 (à droite) pour le même sujet, avec sa transformée en S optimal qui correspond à α=0.5.

4.2.3. Extraction des vecteurs d'attributs par SVD

Introduction

La décomposition en valeurs singulières (Singular Value Decomposition, SVD), est une méthode puissante qui sert à réduire la dimension des données et à concentrer les informations pertinentes de l'espace original des caractéristiques. La méthode SVD est une méthode bien définit théoriquement pour l'estimation du rang de l'espace nul qui est définit par les nombres des valeurs singulières nulles. L'espace nul, représente la redondance dans les données qui est dû au comportement corrélé entre les différentes variables. La redondance est une propriété importante pour l'information dans le signal puisqu'en l'éliminant nous seront capable d'observer ce qui varie le long du signal [Assous05]. Ceci représente un avantage pour la technique SVD par rapport à d'autres techniques similaires, comme l'ACP (Analyse en Composantes Principales) par exemple. Un autre avantage pour la méthode SVD, est qu'elle permet de décomposer des signaux 1D, comme le cas des fonctions intrinsèques issues de la décomposition modale empirique, qui sera abordée dans les sections suivantes.

115

Nous proposons dans cette section deux méthodes pour l'extraction des descripteurs basées sur la décomposition en vecteurs singuliers. La première méthode, qui utilise le domaine temps-fréquence, est basée sur le papier de Hassanpour et son équipe [Hassanpour04], nous l'adoptons dans le contexte de classification des S1 et S2 en l'appliquant sur le domaine TF généré par la transformée en S. Nous proposons également une deuxième méthode originale, qui essaye de réaliser une analyse multi-résolution par le technique de décomposition en mode empirique (Empirical Mode Decomposition : EMD). L'énergie de Shannon des fonctions intrinsèques obtenues par cet outil, sont décomposés en vecteurs singulières pour construire les vecteurs d'attributs.

a. Extraction des vecteurs d'attributs par la méthode S-SVD (domaine TF)

Plusieurs méthodes, qui visent à extraire des informations pertinentes du domaine TF en utilisant la méthode SVD, existent dans la littérature ; Marinovic *et al.,* proposent d'extraire les valeurs singulières de la matrice TF [Marinovic85], une autre approche proposée par Gourtage, concerne l'extraction des caractéristiques des signaux non-stationnaires. Elle consiste à approximer la représentation TF en un nombre fini de rectangles en utilisant les Vecteurs Singuliers (VS) issus de la méthode SVD, de telle sorte que les régions TF qui possèdent une énergie uniforme seront représentées par le même rectangle [Gourtage00]. Hassanpour *et al.,* dans le cadre d'extraction des caractéristiques pour les signaux EEG, utilisent la fonction de distribution de probabilité calculé à partir des deux VS gauches et droites [Hassanpour04]. Nous adoptons la méthode de Hassanpour, que l'on va détailler ci-dessous.

Soit S *(m×n)* la matrice temps-fréquence de la transformée en S. Une décomposition en valeurs singulières de la matrice S est une factorisation de la forme :

$$S = U\Sigma V^T \qquad (4.4)$$

Avec U est une matrice orthogonale de taille $m \times m$ et V une matrice orthogonale de taille $n \times n$ et Σ est une matrice diagonale de dimension $m \times n$, avec les valeurs singulières $\sigma_{ij}=0$ si $i \neq j$ et $\sigma_{ij} \geq 0$ sinon. Avec $\sigma_1 \geq \sigma_2 \geq ... \geq \sigma_N$. Les colonnes des matrices U et V sont appelés Vecteurs Singuliers (VS), qui correspondent respectivement, au domaine temporel et fréquentiel, dans le cas d'une matrice TF.

Vu que les vecteurs singuliers sont orthonormés, alors leurs éléments élevés au carrée peuvent être vu comme les différentes valeurs de la fonction de densité de probabilité [Nak98], qui à son tour peut être utilisée pour calculer la fonction de distribution de probabilité.

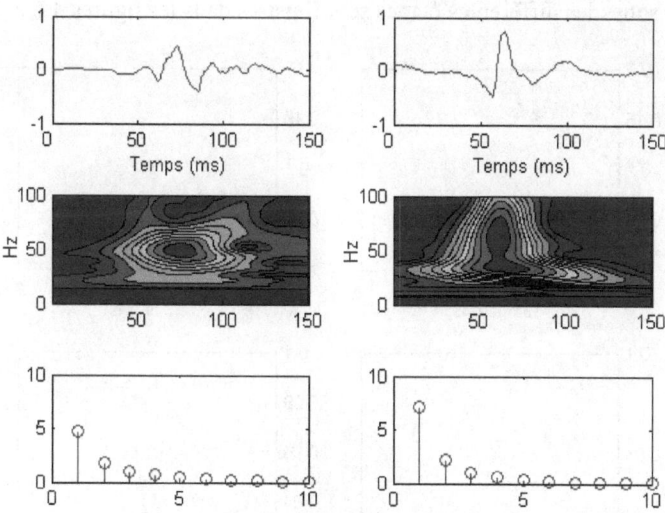

Figure 4.6: Un signal S1 (en haut à gauche) et un signal S2 (en haut à droite) avec leurs transformées en S optimisée (au milieu) et l'histogramme de leurs 10 premières valeurs propres dans la matrice Σ (en bas).

La fonction de distribution de probabilité qui correspond au premier vecteur singulier de la matrice U est donnée par :

$$f_{U1} = \left\{ u_{11}^2, u_{12}^2, ..., u_{1m}^2 \right\} \qquad (4.5)$$

Où u_i représente le $i^{ème}$ élément de U_1 (première colonne de la matrice U)

avec $\sum_{i=1}^{m} u_{1i}^2 = 1$. Ainsi, la fonction de distribution de probabilité peut être calculée

par :

$$F_{U1} = \left\{ v_1, v_2, ..., v_m \right\} \qquad (4.6)$$

Avec

$$v_j = \sum_{i=1}^{j} u_{1i}^2 \text{ et } j=1...m.$$

(4.7)

La méthode S-SVD est appliquée sur un signal S1 et un signal S2 issus da la base des sons, les différentes étapes sont illustrés dans les figures 4.6 à 4.10.

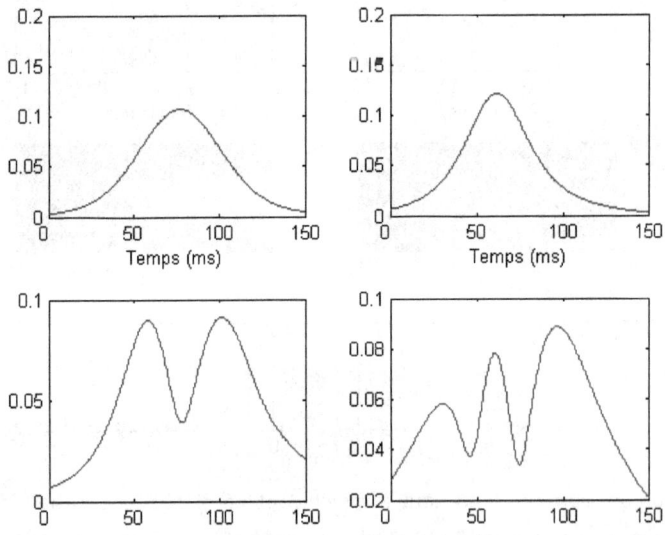

Figure 4.7 : Les deux premiers vecteurs singuliers gauche de la matrice U (domaine temporel), du signal S1 (colonne gauche) et du signal S2 (colonne droite) (signaux S1 et S2 de la figure 4.6).

Les VS qui correspondent aux valeurs singulières les plus élevées contiennent plus d'information sur le signal. Les fonctions de distribution de probabilité qui correspondent aux deux premiers VS de la partie gauche et droite sont utilisées sont utilisées dans l'exemple présenté (Figures 4.7 et 4.8). Pour réduire la dimension des données, l'histogramme de 10 valeurs est calculé pour chaque fonction de distribution de probabilité. Les valeurs d'histogrammes, qui correspondent aux domaines temporel et fréquentiel, vont construire les vecteurs d'attributs pour classifier les premiers et les deuxièmes sons cardiaques.

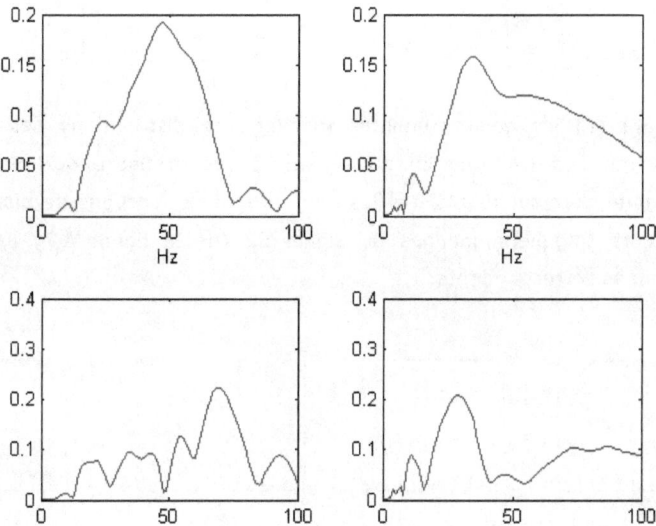

Figure 4.8: Les deux premiers vecteurs singuliers droites de la matrice *V* (domaine fréquentiel) du signal S1 (colonne gauche) et du signal S2 (colonne droite) (signaux S1 et S2 de la figure 4.6.).

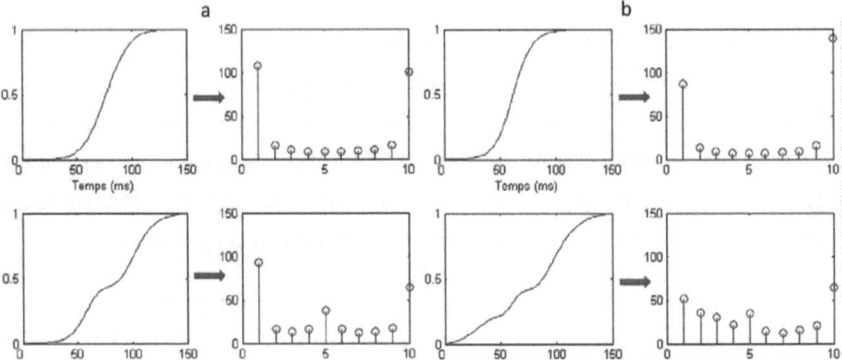

Figure 4.9 : (a) les deux premières fonctions de distributions des vecteurs singuliers gauches (matrice U) du signal S1 (de la figure 4.7) avec leurs histogrammes correspondants. (b) les deux premières fonctions de distributions des vecteurs singuliers gauches du signal S2 (de la figure 4.7) avec leurs histogrammes correspondants.

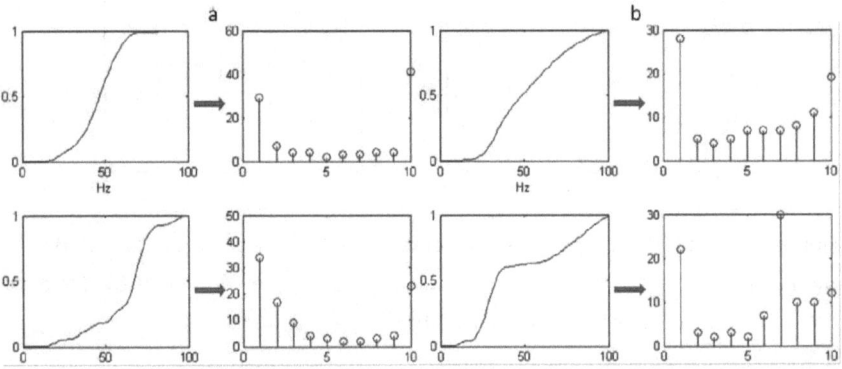

Figure 4.10: (a) les deux premières fonctions de distributions des vecteurs singuliers droites, du signal S1 (de la figure 4.8) avec leurs histogrammes correspondants. (b) les deux premières fonctions de distributions des vecteurs singulières droites du signal S2 (de la figure 4.8) avec leurs histogrammes correspondants.

b. Extraction des vecteurs d'attributs par la méthode S-EMD : Méthode originale

La décomposition modale empirique (Empirical Mode Decomposition : EMD), est un outil de décomposition des signaux non-linéaires, non-stationnaires, proposé par Huang et ses collègues [Huang98]. Elle est définie par un algorithme de décomposition empirique, sans une véritable évaluation théorique. Malgré ses fondements théoriques limités, la méthode est appliquée sur plusieurs types de signaux réels, dont des signaux physiologiques et biomédicaux, où des résultats prometteurs sont obtenus. L'EMD est utilisée récemment pour extraire des descripteurs des signaux de paroles afin de classifier les émotions [Ling11], elle est également utilisée pour extraire des descripteurs des signaux physiologiques [Samanta09], ainsi que pour analyser les informations gastro-œsophagiennes [Liang05]. La première fois que la méthode EMD a été testée sur des signaux cardiaques PCG, c'était dans l'étude de Charleston et ses collègues, qui ont appliqué cette méthode sur des signaux S1 et S2 simulés [Charleston06]. Lui *et al.*, ont utilisé la transformation de Hilbert-Huang, qui est basée sur la décomposition EMD, pour extraire des caractéristique des sons cardiaques [Lui10].

Dans un premier temps, nous allons présenter l'algorithme de la méthode EMD. La deuxième étape consistera à appliquer l'algorithme sur des signaux S1 et S2 réels, afin de proposer une méthode d'extraction des descripteurs discriminant.

Dans un premier temps, nous allons présenter l'algorithme de la méthode EMD. La deuxième étape consiste à appliquer l'algorithme sur des signaux S1 et S2 réels, afin de proposer une méthode d'extraction des descripteurs discriminant entre S1 et S2.

Méthode EMD

L'EMD est un algorithme récursif qu'il vise à séparer tout signal $x(t)$ en deux composantes : composante d'approximation qui est la composante basse fréquence (variations lentes) et une deuxième composante haute fréquence (variations rapides) appelée détail. Ces composantes sont les IMFs (Intrinsec mode functions). La motivation principale de la décomposition modale empirique est qu'elle ne dépend pas du choix d'une base particulière, comme les ondelettes par exemple ; l'EMD est totalement adaptative.

On peut illustrer l'algorithme EMD, appliqué au signal *x(t)*, par les étapes suivantes :

Algorithme EMD

---

1 Initialisation, $r(t)=x(t)$ et $k=1$.

2 Déterminer les extrema (maxima et minima) du signal $r(t)$.

3 Interpoler par une spline cubique les minima et les maxima pour générer une enveloppe $e_{min}(t)$ et $e_{max}(t)$, respectivement.

4 Calculer la moyenne $m(t)= (e_{min}(t)+e_{max}(t))/2$ et extraire des fonctions intermédiaires : $p_i=r(t)-m(t)$ et posons $r(t)=m(t)$.

5 Tant que p_i ne satisfait pas les conditions d'une IMF (moyenne locale nulle), répéter :

   • Calculer la moyenne $m_i(t)$ de $p_i(t)$

   • $p_{i+1}(t)=p_i(t)-m_i(t)$; $i=i+1$

6 $d_k(t)=p_i(t)$ et $r(t)=r(t)-d_k(t)$

7 Si $r(t)$ n'est pas monotone, retour à l'étape 2 et incrémenter k $(k=k+1)$. Sinon, la décomposition est terminée.

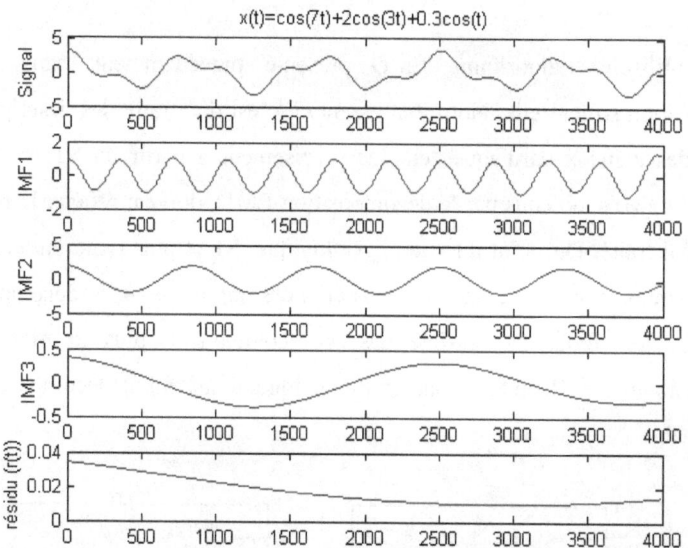

Figure 4.11: Méthode EMD appliquée sur un signal constitué d'une somme de sinusoïdes.

A la fin de la décomposition, *x(t)* peut être reconstruit de la façon suivante :

$$x(t) = \sum_{k=1}^{N} d_k(t) + r(t) \qquad (4.8)$$

La figure 4.11, illustre l'algorithme EMD avec un exemple de décomposition d'un signal constitué de plusieurs signaux sinusoïdaux. Plusieurs études ont essayé de mieux comprendre la base théorique de la méthode EMD et de résoudre certains inconvénients. Par exemple, l'interpolation par spline, qui vise à construire les enveloppes des maximas (et minimas respectivement), génère dans certains cas des « overshoot » ; où l'enveloppe construit a une amplitude maximale plus grande que le maximum du signal, ce qui introduit des artefacts dans l'étape 5 de l'algorithme, qui est appelée normalement « Sifting Process » (SP). Le critère d'arrêt du signal IMF, a été également le sujet de plusieurs études et propositions [Rilling03], [Flandrin04], [Xiang07].

`Méthode S-EMD (Shannon-EMD)`

Nous utilisons l'algorithme EMD présenté précédemment, sans aucune modification structurelle. Notre but essentiel, c'est d'extraire des descripteurs à partir des signaux cardiaques et plus précisément à partir du S1 et S2. Les fonctions IMFs, obtenus par la décomposition EMD, doivent refléter la richesse du signal traité. Du point du vue physiologique, S1 et plus riche en termes de composantes que S2. Selon nos expériences, après la 4ème décomposition (IMF4), les fonctions intrinsèques ne contiennent plus d'informations significatives sur S1 ou S2. Nous limitions donc, le niveau de décomposition au 4ème IMF.

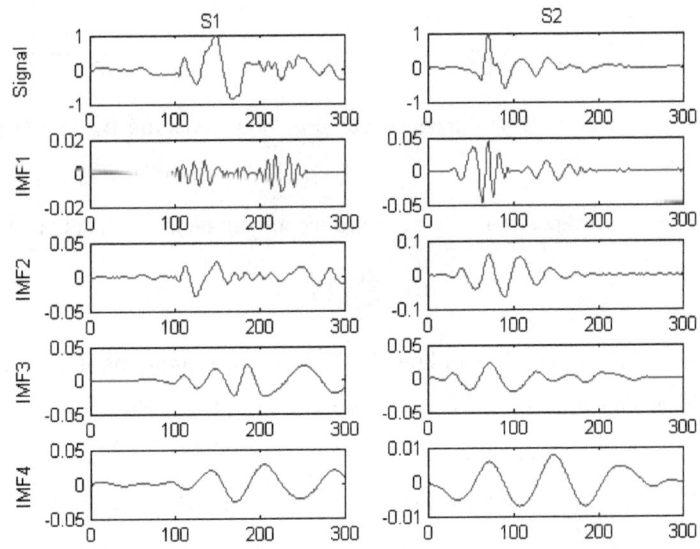

Figure 4.12: Un signal S1 (à gauche) et un signal S2 (à droite) avec ses 4 IMFS.

Ceci confirme ce qui a été mentionné dans [Chareleston06], par contre nous ne sommes pas d'accord avec les auteurs (Charleston *et al.*) sur le fait que les signaux IMF1 correspondent uniquement aux bruits et qu'ils peuvent être négligés dans le processus d'analyse de S1 et S2. Dans l'exemple présenté dans la figure 4.12, IMF1 reflète les oscillations qui correspondent au début de S1 et

S2 par exemple, l'effet du bruit, qui peut être gênant dans certains cas, peut être pris en compte en faisant certains prétraitements sans négligé le contenu de la première fonction intrinsèque. Nous proposons de calculer l'énergie de Shannon des fonctions IMFs obtenus. L'énergie de Shannon a pour rôle de mettre en évidence les variations essentielles des signaux IMFs et d'atténuer les variations qui sont dues au bruit. Ensuite, nous appliquons un filtre glissant pour lisser les signaux IMFs (figure 4.14).

La technique SVD, présentée dans la section précédente, est utilisée pour quantifier l'énergie de Shannon des signaux IMFs. La différence concernant la décomposition SVD par rapport à la méthode S-SVD, est de décomposer un signal 1D, au lieu de décomposer un signal 2D qui correspond au domaine TF. Dans ce cas, si nous considérons qu'un signal IMF est représenté par un vecteur 1×300 (300 échantillons correspondent à 150 ms pour un $f_e = 2KHz$), nous aurons seulement les vecteurs singuliers qui correspondent au domaine temporel. Nous utilisons le premier VS qui correspond à la plus grande valeur singulière. Pour chaque IMF_i, nous désignons le vecteur d'attribut par FV_i, qui a pour longueur 10 attributs (obtenus par l'histogramme 10 bins). FV représente le moyen des 4 FV_i (i=1,...,4).

Nous illustrons le système proposé par la figure suivante :

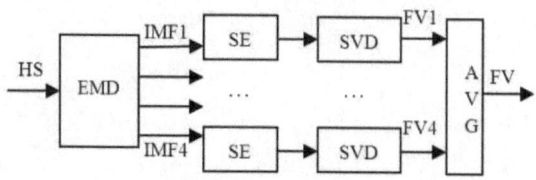

Figure 4.13: Méthode S-EMD.

L'énergie de Shannon (SE) de la fonction IMF_i (S_IMF_i) peut être calculée de la façon suivante :

$$S\_IMF_i = -\sum_{k=1}^{N} IMF_i^2(k) \log(IMF_i^2(k)) \qquad (4.9)$$

Avec N est le nombre d'échantillons du signal IMFi.

Les différentes étapes de la méthode S-EMD sont illustrées dans les figures 4.14, 4.15 et 4.16.

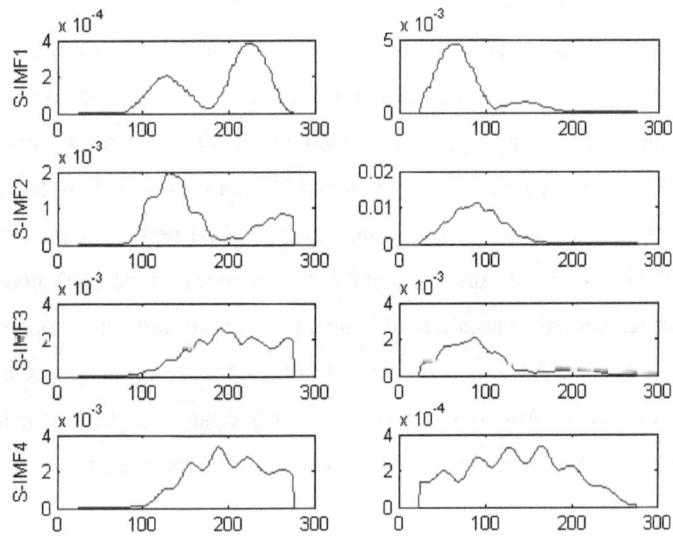

Figure 4.14: L'énergie de Shannon lissé pour les 4 IMFs (S_IMFᵢ) du signal S1 (colonne gauche) et S2 (colonne droite) de la figure 4.12.

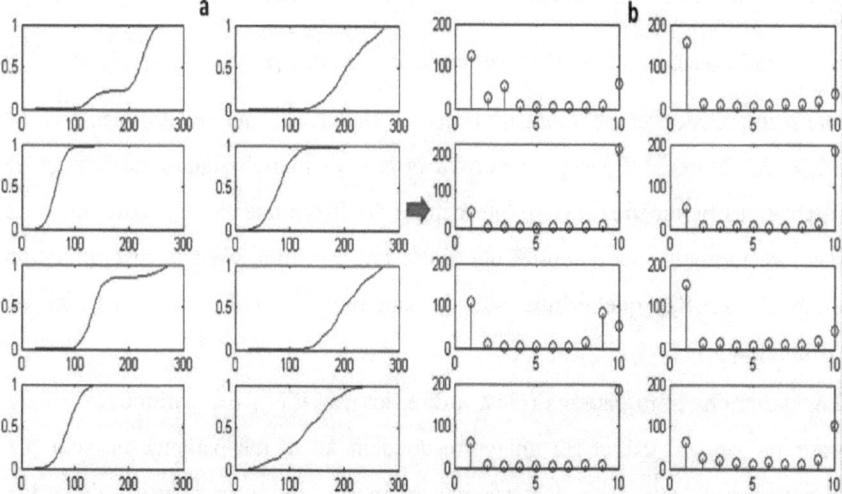

Figure 4.15: (a) les fonctions de distributions des vecteurs singuliers qui correspondent aux fonctions S-IMF$_i$ de la figure 4.14; (b) quantification des fonctions de distributions par la méthode d'histogramme (10 bins).

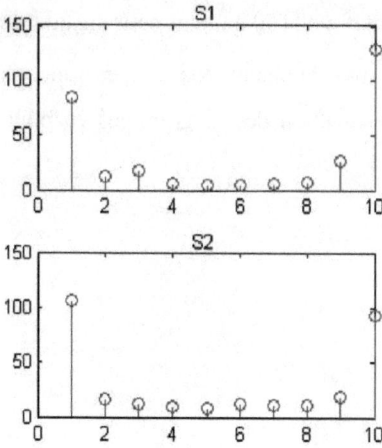

Figure 4.16: Les Histogrammes qui correspondent à la moyenne des valeurs obtenus

4.2.4. Résultats de classification des signaux S1 et S2

a. Evaluation des descripteurs α et p

Dans un premier temps, Nous divisons les signaux en quartes groupes ; S1_N, S1_P, S2_N et S2_P (N pour normal et P pour pathologique). Le but est de tester si les paramètres α ou *p*, permettent de discriminer les cas pathologiques des cas normaux. Sans oublier que notre but essentiel, c'est la discrimination entre S1 et S2, quelle que soit la situation du sujet traité (normal ou pathologique).

Les variations intra patients (c'est à dire, les variations des paramètres α ou *p* pour les signaux S1 et S2 qui correspondent au même patient), ne sont pas significatives sauf dans des cas exceptionnels, qui sont souvent dues aux changements brusques des conditions d'auscultations. Pour chaque sujet, nous considérons une seule valeur (α ou *p*) pour S1 et une seule valeur pour S2. En total, on a 80 sons S1 et 80 sons S2. Pour chaque S1 et S2, nous associons un paramètre α et un paramètre *p* (160 en total pour chaque paramètre).

Pour illustrer les variations de chaque variable en fonction des classes étudiées, nous adoptons la représentation des diagrammes en boites (figures 4.17, 4.18, 4.19 et 4.20).

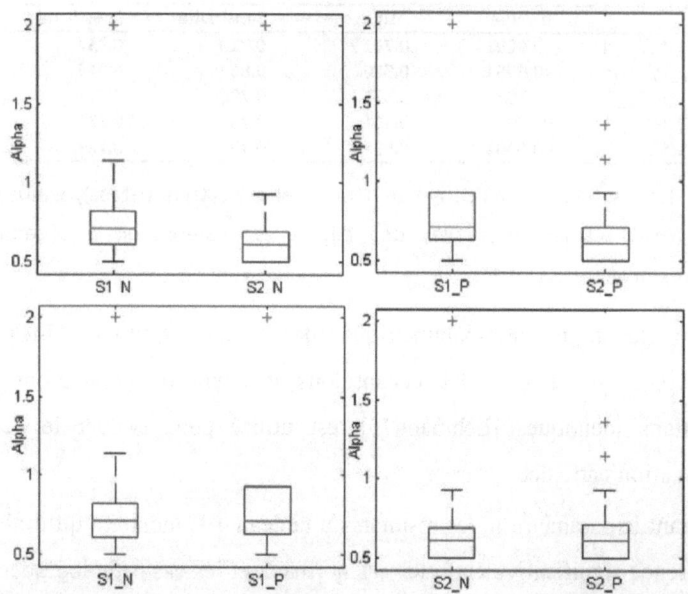

Figure 4.17: Diagrammes en boites pour des valeurs α optimales, comparaison entre les différents groupes (S1_N, S1_P, S2_N, S2_P), N : signaux normaux, P : signaux pathologiques.

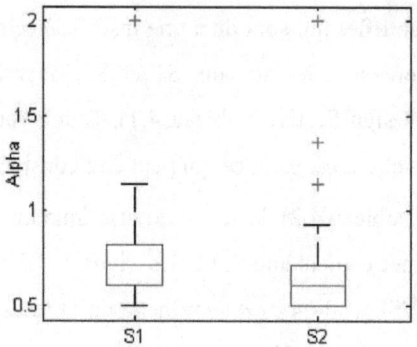

Figure 4.18 : Diagrammes en boites pour les valeurs α optimales, comparaisons entre tous les signaux S1 et tous les signaux S2.

α	*p*-value	AUC	Sensitivité	Spécificité
S1_N/S2_N	<0.0001	0.791	0.719	0.757
S1_P/S2_P	<0.0001	0.876	0.867	0.949
S1_N/S1_P	0.2303	0.571	0.706	0.457
S2_N/S2_P	0.9803	0.511	0.735	0.371
S1/S2	<0.0001	0.83	0.79	0.727

Tableau 4.1 : Valeurs significative *p*-value (Mann-Whitney U-test), L'aire sous la courbe (AUC) et les intervalles des différentes valeurs de α obtenues sur différentes groupes S1 et S2.

Le test statistique non-paramétrique de « Mann-Whitney U-test » (*p-value<0.05*), qui teste si les échantillons viennent de populations ou de distributions identiques [Lehmann75], est utilisé pour évaluer le degré de discrimination entre deux classes.

Concernant le paramètre α, les résultats du tableau 4.1, montrent qu'il n'y a pas de différence significative entre les cas normaux et les cas pathologiques (N/P). Ceci n'est pas étonnant, vu que les signaux pathologiques testés correspondent à une base de données très variée, l'existence de certaines pathologies n'influent pas forcement (ou presque) sur la morphologie et le comportement temps-fréquence de S1 et S2 eux-mêmes, sauf dans le cas de split de S2 par exemple, ou dans les cas des souffles qui sont dû à une insuffisance mitrale sévère. Alors que, la discrimination entre les signaux S1 et S2, pour les cas normaux ou pathologique est très significative (tableau 4.1). L'aire sous la courbe (AUC) calculé pour le paramètre α est 0.83, ce qui peut être considéré comme élevé.

Pour le paramètre *p* (tableau 4.2), la sureté de discrimination n'est pas au même niveau que le paramètre α, même entre les signaux S1 pathologiques et S2 pathologiques (S1_P/S2_P) le « *p-value* » mené du U-test n'est pas significatif, même si le test sur les signaux S1 et S2 en totalité donne un *p-value* significatif (*p=0.0047*), l'aire sous la courbe calculée sur les signaux S1 et S2 (normaux et pathologiques) est 0.64 (Tableau 4.2). Cette valeur faible est due au résultat obtenu sur les signaux pathologiques (S1_P/S2_P) où l'AUC est 0.56 (Tableau 4.2). Le paramètre *p* présente une sensibilité très élevé sur les cas pathologiques

130

surtout pour les signaux S1 (voir S1_P figure 4.19) ce qui n'est pas le cas avec le paramètre α (figure 4.17).

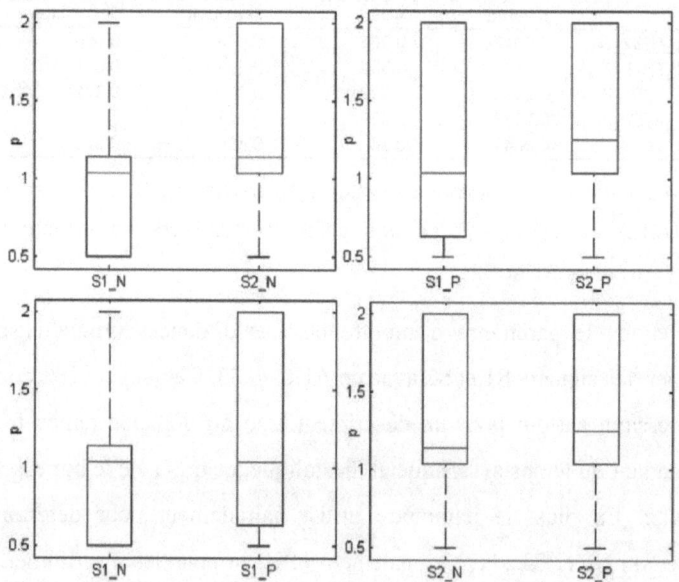

Figure 4.19 : Diagrammes en boites pour des valeurs p optimales, comparaison entre les différents groupes (S1_N, S1_P, S2_N, S2_P), N : signaux normaux, P : signaux pathologiques.

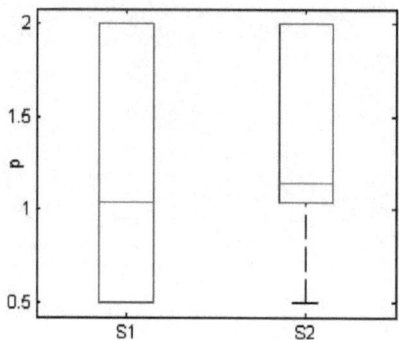

Figure 4.20 : Diagrammes en boites pour les valeurs p optimales, comparaison entres les signaux S1 et les signaux S2 (normaux et pathologiques).

131

p	*p*-value	AUC	Sensitivité	Spécificité
S1_N/S2_N	**0.0047**	**0.706**	0.676	0.686
S1_P/S2_P	0.2303	0.569	0.529	0.657
S1_N/S1_P	0.1853	0.602	0.765	0.371
S2_N/S2_P	0.7678	0.529	0.618	0.514
S1/S2	**0.0047**	0.64	0.609	0.671

Tableau 4.2 : Valeurs significative *p*-value (Mann-Whitney U-test), L'aire sous la courbe (AUC) et les intervalles des différentes valeurs de *p* obtenues sur différentes groupes S1 et S2.

Nous retenons le paramètre α montre des performances prometteuses pour discriminer les signaux S1 et S2 avec un AUC=0.83. Ce qui peut être considérer très intéressant, surtout pour un descripteur issu du domaine temps-fréquence non dépendant du temps systolique et diastolique, ce qui a été le but essentiel de cette étude. En plus, le paramètre utilisé initialement pour déterminer les extrémités du S1 et S2 s'avère également efficace pour les discriminer, ce qui peut être considérer comme un point fort. D'autres paramètres qui correspondent à d'autres types de fenêtres peuvent être testés et optimisés pour augmenter les performances de classification.

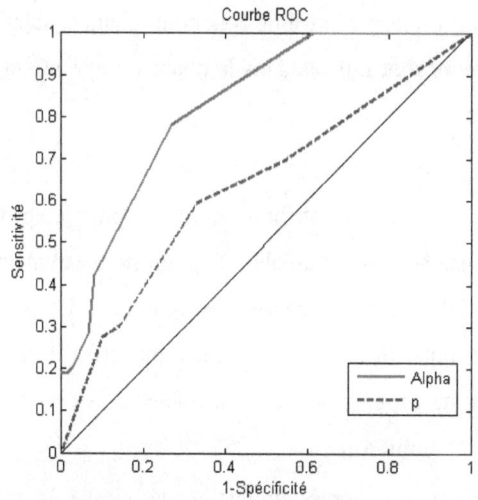

Figure 4.21 : Courbes ROC pour les variables α et p

b. Evaluation des vecteurs d'attributs menés des méthodes S-SVD et S-EMD pour discriminer entre S1 et S2

Les signaux dans la base de données, sont segmentés un par un. Dans un premier temps, nous localisons les sons cardiaques par la méthode SSE, qui a pour but d'extraire l'enveloppe du signal pour localiser S1 et S2 (Chapitre 2), ensuite nous appliquons la méthode OSSE pour segmenter les son cardiaque en 4 parties ; S1, systole, S2 et diastole (Chapitre 3). Les sons S1 et S2 qui ne sont pas détectés et les sons détectés mais qui correspondent à des faux positifs, sont exclus de cette étude.

Nous appliquons les méthodes d'extractions des vecteurs d'attributs, S-SVD et S-EMD, sur les différents S1 et S2 segmentés au niveau de chaque sujet. Ensuite, la moyenne des vecteurs d'attributs, qui correspond à chaque méthode et à chaque sujet, est calculée. A la fin de cette phase, nous obtenons, un vecteur d'attribut S1 et un vecteur d'attribut S2, pour chaque sujet et pour chaque méthode. Ses vecteurs sont utilisés dans la phase d'apprentissage et la phase de test de classificateur.

Classificateur K-NN

Pour évaluer les vecteurs d'attributs obtenus par le processus expliqué précédemment, nous choisissons un classificateur non-paramétrique ; les K-plus proches voisins (K-NN pour K-Nearest Neighbour). Le K-NN est l'un des classificateurs des plus simples et des plus intuitifs. Il ne possède aucune estimation des lois de probabilités des ensembles mis en jeu, ce qui peut être considérer comme un point fort.

Le KNN affecte à un exemple de test x, la classe la plus fréquemment représentée dans les K points les plus proches de x. Les K points sont constitués à partir de l'ensemble d'apprentissage $X = \{x_1, x_2, ..., x_l\}$. Deux paramètres sont liés à cette méthode de classification ; le paramètre K des proches voisins et la norme de la distance.

K doit être assez grand pour maintenir certain lissage entre les classes (pour éviter le sur-apprentissage) et en même temps il ne doit pas perdre la notion de localité. Donc un compromis est toujours souhaitable. Nous fixons expérimentalement, K à 3 et nous utilisons la distance euclidienne.

Validation croisée K-blocks (méthode d'évaluation)

Pour estimer la fiabilité des décisions de classificateurs, nous utilisons la technique de validation croisée *K*-blocks (*K*-fold cross-validation) avec *K*=5 (il n'ya pas de lien entre ce paramètre *K* et celle du classificateur *K*-NN). L'avantage de cette approche, est que toutes les données sont utilisées dans la phase d'apprentissage et dans la phase de test. On partage les données disponibles en *K* blocs disjoints (Figure 4.21), ensuite on entraîne le classificateur en utilisant les données de *K-1* blocs, puis on teste le système obtenu en utilisant les données du bloc restant. L'entraînement et le test sont répétés *K* fois (*K* itérations), afin que tous les blocs servent de test. Le taux d'erreur final du système sera cumulé sur toutes les *K* itérations [Kohavi95].

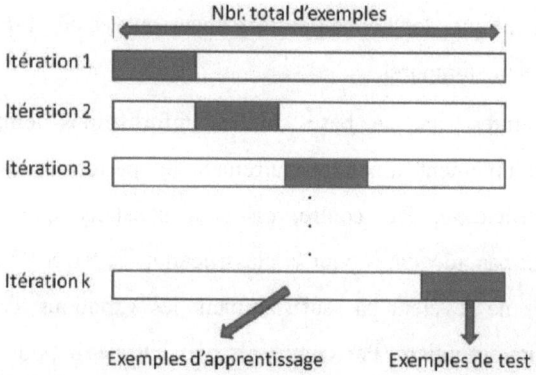

Figure 4.21 : Principe de la validation croisée K-blocs.

Résultats d'évaluations :

K-NN	Sensitivité	Spécificité	CR
S-SVD			
T-Features	92%	92%	92%
F-Features	81%	88%	84%
SV-Features	60%	65%	62%
TF-Features	95%	97%	96%
S-EMD			
FV1	88%	91%	89%
FV2	81%	97%	89%
FV3	82%	94%	88%
FV4	65%	95%	80%
FV	**94%**	**97%**	**95%**

Tableau 4.3 : Les 9 vecteurs d'attributs menés des méthodes S-SVD et S-EMD avec leurs sensitivités et spécificités et les taux de classifications pour un classificateur K-NN (K=3), (CR : Classification Rate).

Les deux méthodes générations de vecteurs d'attributs atteignent un taux de classification très élevé. Pour la méthode S-SVD, le vecteur d'attributs qui correspond au domaine temporel donne un taux de classification de 92%. Normalement, la durée de S1 est plus grande que celle de S2, en plus, S1 est plus riche physiologiquement que S2, ce qui influe certainement d'une façon ou d'une autre sur la morphologie du signal. Ces critères ne peuvent pas être généralisés dans le cas des signaux cliniques, comme la plupart des signaux biomédicaux où la généralisation risque de générer souvent des erreurs. Mais au moins, ceci peut expliquer les bonnes performances du vecteur T-Features qui correspond au domaine temporel.

Le vecteur T-Features, qui se base sur les informations temporelles et fréquentielles simultanément, améliore clairement les performances avec 96% de taux de classification. Par contre, on peut constater que les valeurs singulières, ne sont pas adéquates pour la classification de S1 et S2 (62%). Les valeurs singulières ne révèlent pas suffisamment les variations TF du signal comme les vecteurs singuliers. Par contre, ils peuvent servir pour représenter l'importance des vecteurs singuliers, ce qui a été la base du choix des vecteurs singuliers testés (T-Feature et F-Feature) qui correspondent à la plus grande valeur singulière. Mais ceci, ne peut pas être généralisé dans tous les cas ; parfois on a intérêt à tester les vecteurs qui correspondent aux plus petites valeurs singulières, surtout pour classifier deux types des signaux qui sont très proches structurellement [Bernal00]. Ce qui n'est pas le cas dans notre étude actuelle.

Pour la méthode S-EMD, le vecteur d'attribut qui correspond à la moyenne des 4 premiers IMFs, donne le meilleur résultat avec 95% de taux de classification. Pour les vecteurs qui correspondent aux IMFs, testées séparément, les 3 premières IMFS donnent les meilleurs résultats (89% et 88%) par rapport au vecteur basé sur l'IMF4 (80%).

La décomposition modale empirique sépare efficacement les différentes composantes des S1 et S2, ensuite la technique SVD sert à quantifier les informations pertinentes générées par les fonctions intrinsèques. La méthode peut être utilisée dans d'autres problèmes de classifications, et certaines optimisations peuvent être faites, surtout sur la technique EMD elle-même, qui souffre de certains problèmes pratiques, comme le problème de mélange de modes [Wu09]. Ce qui n'était pas le but essentiel de cette section.

4.3. Classifications des signaux normaux et signaux pathologiques

Lorsqu'on parle d'un système de classification des signaux cardiaques normaux et signaux pathologiques, la première question qui se pose est le type de pathologies que le système est censé détecter. En fonction des pathologies, les descripteurs seront orientés. Par exemple, pour détecter une tachycardie cardiaque, les intervalles du temps, systolique, diastolique sont très intéressants, ensuite des enregistrements de longues durées sont nécessaires pour prendre une décision. Alors que pour détecter des murmures systoliques ou diastoliques, des descripteurs issus des méthodes de traitement du signal non linéaires sont souvent des bons candidats pour évaluer ces types de pathologies, sans avoir besoin nécessairement des enregistrements de longues durées (quelques cycles suffisent). Les souffles cardiaques contiennent des composantes non-linéaires, causées par des turbulences dus aux fuites au niveau des valves. Ce qui incite à tester les outils non-linéaires de traitement du signal, qui peuvent révéler les comportements non-linéaires de certaines composantes des signaux cardiaques et qui peuvent être utilisés pour discriminer certains cas pathologiques des cas normaux. Deux études sont développées dans la littérature afin d'essayer de classifier les signaux normaux et pathologiques avec différentes types de souffles systoliques [Cathers95], [Leung00]. Les descripteurs utilisés dans ces études sont basés sur le domaine TF. D'autres études, se sont intéressées à des types spécifiques des souffles, comme la sténose aortique [Donnerstein89], [Kim03], ou l'insuffisance mitrale [Sinha07]. La pluparts de ces études ont utilisé des descripteurs temporels, fréquentiels, aussi bien que des descripteurs issus du domaine TF. Ces descripteurs, se basent sur les caractéristiques linéaires des signaux cardiaques, qui sont très bien révélés par la puissance spectrale du signal, qui peut être décrite par la statistique d'ordre un ou deux. Alors que, certaines études ont montré que les signaux cardiaques contiennent des composantes non-linéaires et non-gaussiennes [Hadjileontiadis97] et[Minfen97], qui peuvent être révélées par des techniques non-linéaires, basées sur des statistiques d'ordre supérieurs et sur des techniques issues de la théorie des systèmes chaotique, basée sur la reconstruction de l'état de phase. Ces derniers descripteurs ont été appliqué par Ahlstrom *et al.*, pour évaluer la sévérité des souffles [Ahlstrom07], et pour classifier les souffles pathologiques des souffles innocents [Ahlstrom06].

Dans cette section, nous proposons d'étudier certains types de descripteurs dans le but de classifier les signaux normaux des signaux pathologiques qui contiennent des souffles systoliques. Nous proposons de tester certains types de descripteurs comme ceux qui sont menés dans l'analyse quantitative de Récurrence (RQA : Reccurence Quantification Analysis) et le descripteur τ_{min} mené dans la méthode de l'information mutuelle, utilisée pour la reconstruction de l'espace de phase de la série temporelle.

Donc la partie du signal PCG qui nous intéresse le plus dans cette section, sera la phase systolique. Nous intégrons 12 sujets qui souffrent de souffles systoliques dus à une insuffisance mitrale ou à une sténose aortique de différents degrés et 15 autres signaux qui correspondent à des sujets normaux. Le but est de tester ce type des descripteurs sur nos propres signaux cliniques et de confirmer leurs utilités dans la classification des signaux cardiaques normaux et pathologiques.

4.3.1. Information mutuelle et τ_{min}

L'information mutuelle quantifie la quantité moyenne d'informations obtenus sur l'état d'un système X en connaissant l'état d'un système Y. Plus on obtient de l'information plus l'information mutuelle est grande. On peut la considérer comme une mesure d'incertitude. Si le système Y ne fournit aucune information utile pour prédire l'état du système X, l'information mutuelle sera nulle. Le calcul de l'information mutuelle est basé sur l'estimation des fonctions de densité de probabilités et probabilités jointes (pdf) des variables des systèmes étudiés X et Y. Elle est définit par :

$$I_{XY} = \sum_{x_i \in X} \sum_{y_j \in Y} P_{XY}(x_i, y_j) \log_2 \frac{P_{XY}(x_i, y_j)}{P_X(x_i) P_Y(y_j)} \qquad (4.10)$$

Sur une série temporelle, l'information mutuelle est appelée auto-information mutuelles (AMI : Auto Mutual Information), elle estime le degré de prédictibilité des échantillons futur de la série temporelle à partir des échantillons précédents. Elle est considérée comme la version non-linéaire de l'auto-corrélation [Fraser86]. L'information mutuelle est utilisée pour déterminer le délai τ dans le calcul de l'espace de phase d'une série temporelle. Ceci mesure le degré de prédictibilité de $x(t+\tau)$ à partir de $x(t)$. Dans le processus de reconstruction de l'espace de phase, la méthode de délai [Ruelles71], consiste à choisir un paramètre τ, qui sépare des valeurs pour qu'elles soient relativement indépendantes entre elles, tout en étant suffisamment corrélées avec la sortie. C'est une sorte de compromis entre redondance et pertinence. L'information mutuelle est donc calculée entre deux variables $x(t)$ et $x(t+\tau)$ pour des valeurs de τ croissantes. Le critère utilisé est de prendre le délai qui correspond au premier minimum local (τ_{min}) de l'information mutuelle [Pomp93].

Dans le contexte des signaux cardiaques normaux et pathologiques, l'idée est la suivante : le souffle est causé par une fuite des valves qui induit une sorte de turbulence. Cette trubulence rend la phase systolique plus complexe et implique des composantes non-linéaires qui peuvent être révélées par la mesure de l'auto-information mutuelle. Ahlstrom *et al.*, ont utilisé ce descripteur pour estimer la sévérité de sténoses aortiques [Alhstrom07].

Nous testons ce descripteur dans le contexte de classification des signaux normaux et des signaux pathologiques qui contiennent des souffles systoliques de différentes origines. Nous pensons que l'auto-information mutuelle doit être plus petite dans la présence des souffles par rapport aux phases systoliques normales (figure 4.22) en se basant sur le fait que plus le signal est complexe (présence des souffles) plus il est difficile de prédire les échantillons futurs, ce qui va influer sur l'information mutuelle qui va atteindre son minimum local plus rapidement, ce qui veut dire un délai τ plus petit. Nous signalons que l'estimation de probabilité est réalisée dans cette étude par la méthode de l'histogramme (16 bins).

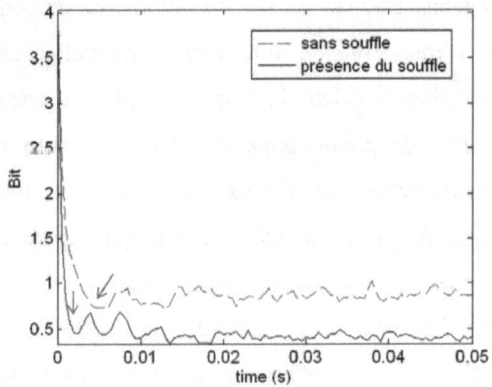

Figure 4.22 : Les minimas locaux (flèches) obtenus avec un signal systolique normal, sans souffle (ligne rouge pointillée) et un signal pathologique (ligne bleue pleine).

4.3.2. Analyse Quantitative de Récurrence (RQA)

La méthode RQA est un outil d'analyse de séries temporelles non stationnaires, elle est applicable sur des séries linéaires ou non-linéaires [Ikegawa00]. Elle a été introduite initialement pour quantifier la régularité des systèmes dynamiques [Eckmann87] et elle a été utilisée dans plusieurs domaines, surtout dans les domaines des signaux physiologiques et biomédicaux, parmi lesquels, l'étude de la variabilité cardiaque [Marwan02], application à l'électroencéphalographie [Carruba07], application sur les signaux EMG [Morana08], évaluation de degré de sévérité des souffles cardiaques chez les chiens [Ahlstrom08].

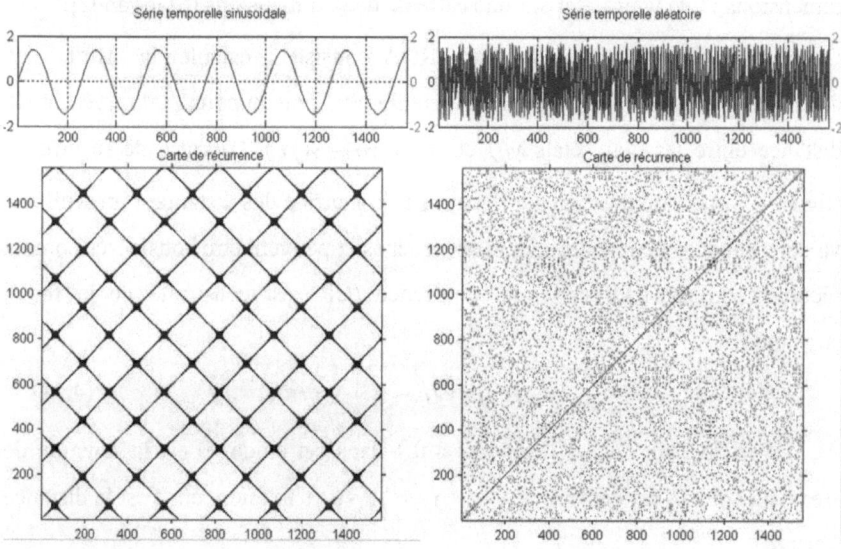

Figure 4.23 : Un signal sinusoïdal et un signal aléatoire avec leurs cartes de récurrence.

La méthode RQA vise à mesurer le degré de prédictibilité du système, ce qui a un lien direct avec son complexité. La récurrence dans le contexte de RQA est un concept qui révèle la fréquence de répétition d'un état dans l'espace de phase. Plus un système est régulier plus ses états se répètent et plus il est complexe plus ses états seront dispersés (figure 4.22). On peut considérer également que, plus un système est déterministe plus son état futur peut être prédit, si le système est complètement déterministe, cela engendre qu'en connaissant l'état actuel du système il existe un et un seul état précédent. Alors que, si le système est aléatoire, il existe plusieurs possibilités pour les états précédents qui seront représentés par une distribution de probabilité.

La RQA se base souvent sur l'espace de phase du système dynamique étudié (il peut être aussi appliqué directement sur la série temporelle). La carte de récurrence a été introduite pour faciliter la visualisation d'une espace de m dimensions et de la projeter sur une carte de deux dimensions [Marwan02].

Dans un premier temps, la méthode RQA consiste à calculer la matrice des distances, qui est une matrice carrée de taille $N \times N$, où un point *(i,j)* représente la distance entre les deux états *y(i)* et *y(j)* ($\|y(i) - y(j)\|$). La carte de récurrence (figure 4.22) est obtenue en appliquant sur la matrice des distances, un seuil qui va déterminer si deux états sont assez proches et peuvent être considérés comme récurrent ou non. La carte de récurrence (CR) est construite de la façon suivante :

$$CR(i, j) = \Theta(\varepsilon - \|y(i) - y(j)\|) \qquad (4.11)$$

Avec ε est le seuil choisi, il est fixé à 0.1 dans cet étude, Θ est la fonction de Heaviside où *CR* est égal à 0 si $\varepsilon - \|y(i) - y(j)\|$ *<0* et 1 si non, où $\|\|$ est la distance euclidienne.

Les cartes obtenues, sont souvent difficiles à interpréter visuellement, pour cela une quantification de la carte de récurrence est nécessaire. Les mesures RQA les plus connus sont les suivantes [Webber94], [Marwan07]:

- Le pourcentage de Récurrence *(%Rec, Recurrence rate)* : c'est le pourcentage des pixels activés dans la carte de récurrence.

- Le pourcentage de Déterminisme *(%Det, Determinism)* : c'est le pourcentage de points récurrent qui forment des lignes parallèles à la diagonale centrale. Le *% Det* est lié à la prédictibilité du système [Marwan07] ; si le système est déterministe, les diagonales sont plus nombreuses et il y a un peu des points récurrents isolés [Morana08].

- La longueur de la plus longue ligne parallèle à la diagonale (L_{max}) : L_{max} est inversement proportionnel à l'exposant de Lyapunov, qui décrit la vitesse de divergence du système dynamique.

- Entropie de Shannon : ce paramètre mesure l'entropie de Shannon de la distribution des lignes parallèles à la diagonale.

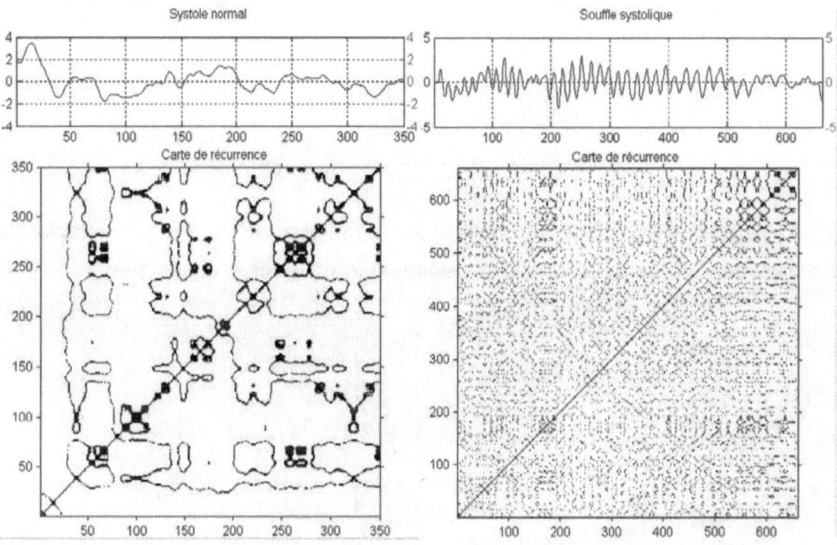

Figure 4.24 : Un signal systolique normal (à gauche) et un signal systolique en présence du souffle (à droite) avec leurs cartes de récurrence.

Nous utilisons la méthode RQA pour extraire des descripteurs des signaux cardiaques afin de les évaluer dans un contexte de classification des signaux normaux et signaux pathologiques qui contiennent des souffles systoliques de différentes origines.

Pour la reconstruction de l'espace de phase, le paramètre τ est choisit par la méthode d'information mutuelle présenté précédemment et la dimension m est choisit par la méthode de faux plus proches voisins (FNN) [Kantz04]. Les moyennes de τ et m calculés sur les 27 sujets sont choisis pour comparer les différents résultats ($\tau=9$ et $m=1$).

4.3.3. Résultats de classification des signaux normaux et signaux pathologiques

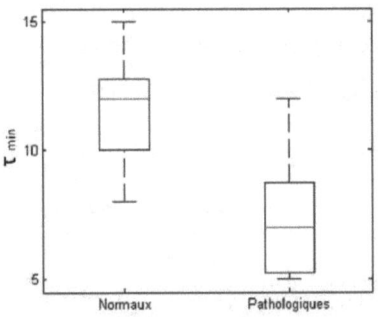

Figure 4.25 : Diagramme en boites de paramètre issus da la méthode de l'information mutuelle, testé sur des signaux normaux et pathologiques.

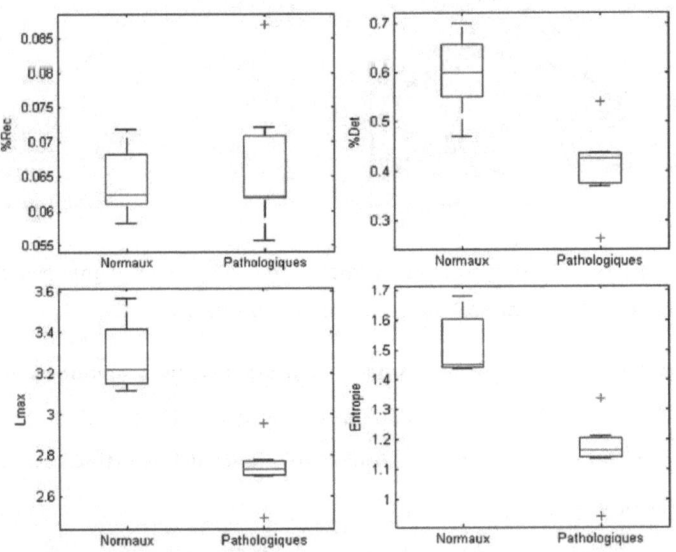

Figure 4.26 : Diagrammes en boites pour les 4 descripteurs issus de la méthode RQA, testés sur des signaux normaux et pathologiques.

Descripteurs	*p*-value	AUC	Sensitivité	Spécificité
Descripteurs non-linéaires				
τ_{min}	0.0128	0.89	0.833	0.714
RQA1-%Rec	0.901	0.57	0.5	0.429
RQA2-%Det	0.0012	0.976	1	0.857
RQA3-L_{max}	<0.0001	1	1	1
RQA4-Entr	<0.0001	1	1	1

Tableau 4.4 : Valeurs significative *p*-value (Mann-Whitney U-test), L'air sous la courbe (AUC) et les intervalles des différents descripteurs non-linéaires et descripteurs menés du domaine TF (Temps-Fréquence)

Les résultats du Tableau 4.4, montrent que les pluparts des descripteurs sont significatifs dans le contexte de discrimination entre les sujets normaux et les sujets pathologiques. En plus, certains descripteurs atteignent un AUC de 100% comme le RAQ3-L_{max} et RAQ4-Entr. Cependant, il faut traiter ses résultats avec prudence. Le nombre des signaux pathologiques utilisés dans cette étude, ne suffit pas pour tirer des conclusions solides. Ceci est dû à la difficulté d'obtenir des signaux qui contiennent des souffles systoliques pour enrichir notre base de données. Mais cela nous permet au moins, d'avoir une idée sur la capacité des différents descripteurs de révéler les comportements qui caractérisent chaque type des signaux.

L'interprétation des résultats se fait normalement en faisant le lien entre le sens physique de chaque descripteur et le processus physiologique qu'on essaye de le décrire. Ceci n'est pas toujours évident, surtout avec les méthodes non-linéaires qui sont basées sur l'espace de phase reconstruit.

Les variations des paramètres τ_{min}, %Det et L_{max} (figure 4.24 et 4.25), peuvent être expliqués en se basant sur le même fait physiologique ; le souffle rend le signal plus complexe, dans le sens que les états du système étudié, représentés par le signal systolique dans notre cas, seront moins prédictibles, ce qui rend le système moins déterministe. Ceci est dû aux composantes non-linéaires qui interviennent grâce au souffle. Le τ_{min} est plus petit pour les signaux pathologiques (complexes) que les signaux normaux (figure 4.24), ce qui confirme notre hypothèse de début ; plus le signal est complexe, plus la fonction qui dessine les variations de délai τ en fonction de l'information mutuelle, va atteindre son minimum local (τ_{min}) rapidement. Pour la même raison, le paramètre %Det qui est lié à la prédictibilité du système étudié [Marwan07] est plus grand dans les cas normaux par rapport aux cas pathologiques.

L_{max} est inversement proportionnelle à l'exposent de Lypanov qui décrit la vitesse de divergence du système. L_{max} pour les signaux normaux est plus grand que les signaux pathologiques qui sont considérés dans ce cas comme plus complexe, ca veut dire que l'exposant pour les signaux normaux est plus petit donc plus stable, ce qui est tout à fait homogène avec notre hypothèse.

L'entropie calculée par la méthode RQA

La mesure de l'entropie issue de la méthode RQA (RQA-En), donne des résultats préliminaires étonnants. Normalement, l'entropie augmente avec la complexité du signal, les résultats obtenus avec RQA-En, ne confirme pas cette hypothèse intuitive. Ceci contredit également les résultats obtenus dans l'étude menée par Ahlstrom *et al.*, pour évaluer la sévérité du sténose aortique chez les chiens, où le RQA-En devient plus grand lorsque le degré de sévérité du souffle augmente [Ahlstrom07]. Dans notre cas, nous ne cherchons pas à évaluer le degré de sévérité des souffles, mais nous cherchons à discriminer les signaux normaux des signaux qui contiennent des souffles, quoique soit leurs degrés de sévérité et leurs origines.

Ceci nous a mené à tester le RQA-En, sur des signaux simulés, pour mieux comprendre ce paramètre. Nous utilisons un signal sinusoïdal qui est un signal totalement déterministe, et un signal constitué du bruit blanc uniquement qu'on pourra considérer comme un signal non déterministe ou stochastique (figure 4.22). le RQA-En pour le signal sinusoïdal est 2.37 et 0.19 pour le signal aléatoire. Les valeurs de l'entropie calculée par la méthode RQA, confirment les résultats obtenues sur les signaux systoliques réels ; l'entropie diminue avec l'augmentation de la complexité du signal (figure 4.25).

L'entropie calculée par la méthode RQA, consiste à calculer l'entropie de Shannon de la distribution des points qui forment des lignes parallèles à la diagonale. Dans le cas d'un signal aléatoire, le nombre de points qui forment des lignes parallèles, devient beaucoup plus petit que le signal déterministe, par contre le nombre des lignes parallèles aux diagonales augmente. Ceci influe forcément les résultats de l'entropie calculée. Une entropie calculée sur une distribution équiprobable, est différente d'une entropie calculée sur une distribution plus consistante, où la dernière sera peut être plus petite, sans que ceci signifie que le signal est moins complexe.

Suite à ce constat, nous avons découvert une étude récente qui confirme cette discussion. Rhea et son équipe, ont mené une étude sur l'interprétation de différentes méthodes d'estimation d'entropie ; SampEn (Sample Entropy), ApEn (Approximate Entropy) et RQAEn, sur des signaux physiologique. Ils confirment que l'interprétation de l'entropie menée par la méthode RQA (RQA-En) doit être différente des deux premières méthodes d'estimations, qui sont plus intuitives que la dernière [Rhea11]. La figure issue de leur étude, montre les histogrammes des lignes parallèles à la diagonale, pour un signal sinusoïdal et le même signal avec du bruit ajouté (figure 4.26), sur lequel on peut remarquer la différence du nombre de points qui forment ces lignes (entre 100 et 900 pour le premier et entre 2 et 4 pour le deuxième). Si l'histogramme des lignes parallèles à la diagonale de la carte de récurrence est constitué de lignes qui ont des longueurs variables (comme le sinus sans bruit) l'entropie qui est basée sur cet histogramme va être relativement élevée par rapport à une carte de récurrence qui a un histogramme constitué de lignes qui sont plus nombreuses mais qui ont toutes quasiment de la même longueur. Nous pensons que c'est le même phénomène qui se reproduit sur les signaux cardiaques réels, où on obtient des RQA-En élevés pour les signaux les moins complexes (sans souffles). En conclusion pour consolider et affirmer cette hypothèse, il faudra plus de signaux réels, et plus de tests sur les paramètres utilisés.

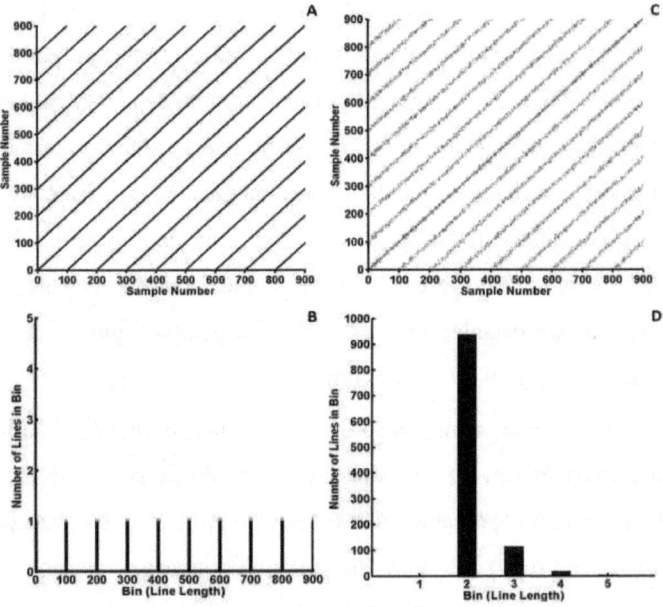

Figure 4.27 : Retirée de l'étude [Rehea11], montre les cartes de récurrence d'un signal sinusoïdal (A) et le même signal avec bruit ajouté (C) et les histogrammes correspondantes, des lignes parallèles à la diagonale (B et D).

4.4. Conclusion

Nous avons abordé dans ce chapitre deux thèmes qui concernent la classification des signaux cardiaques ; classification des premiers et deuxièmes sons cardiaques (S1 et S2), et classification des signaux normaux et signaux pathologiques avec souffles systoliques.

Pour la classification des signaux S1 et S2, le but était de proposer des descripteurs qui ne se basent pas sur les critères de durées des phases systoliques et diastoliques. Ceci peut être considérer comme une solution pour les signaux cardiaques qui correspondent à des sujets qui ont des problèmes de tachycardies et pour des mesures de sujets à l'effort. Dans un premier temps, nous avons proposé un nouveau descripteur issu du domaine TF. Ce descripteur, utilisé pour la détection des extrémités des signaux S1 et S2, optimise la fenêtre d'analyse utilisée dans la transformée en S et peut être utilisé également pour la discrimination entre S1 et S2. Un AUC de 0.83 est obtenu sur le test réalisé sur 80 sujets normaux et pathologiques.

Nous avons présenté également, deux méthodes de classification des signaux S1 et S2 qui se basent sur la décomposition des valeurs singulières (SVD) et qui visent à extraire des vecteurs d'attributs qui révèlent le comportement TF des signaux S1 et S2. La première méthode, proposée initialement dans la littérature, pour l'extraction des vecteurs d'attributs des signaux EMG, se base sur la matrice TF, qui est traitée par l'outil SVD, où les deux premiers vecteurs singuliers, appelés vecteurs singuliers droite et gauche, sont utilisés pour la classification des signaux cardiaques S1 et S2.

Une deuxième méthode originale, se base sur la décomposition modale empirique est également introduit dans ce chapitre. La méthode consiste à calculer l'énergie de Shannon des signaux IMFs, afin de les traiter par la méthode SVD. Les taux de classifications obtenus par ces deux méthodes sont très prometteurs. Nous avons utilisés le classificateur KNN pour évaluer les vecteurs d'attributs. D'autres types de classificateurs peuvent être testés, mais ce n'était pas le but essentiel de cette section. Ces méthodes peuvent être transposées facilement vers d'autres problèmes de classifications des signaux non-stationnaires en général et des signaux cardiaques plus spécifiquement.

Concernant la classification des signaux normaux et pathologiques en présences des souffles systoliques, nous avons testé certains descripteurs menés des méthodes du traitement du signal non-linéaire, comme la méthode RQA (Reccurence Quantification Analysis) et le descripteur issu de la méthode de l'information mutuelle (AMI : Auto Mutual Information) qui est la version non-linéaire de la méthode d'auto-corrélation. Le nombre réduit des sujets pathologiques en présences des souffles systoliques, est considéré comme une limite, mais les résultats sont très prometteurs, surtout pour les descripteurs issus de la méthode RQA. Ceci confirme quelques hypothèses déjà vérifiées dans la littérature et contredites avec certaines interprétations existantes, comme l'interprétation du paramètre d'entropie calculée par la méthode RQA (RQA-En). Nous pensons que cette mesure doit être interpréter avec prudence et qu'elle n'est pas forcement proportionnelle avec la complexité du signal comme les autres mesures d'entropie comme le ApEn (approximate entropy) et SampEn (Sample Entropy).

4.5. Références

Ahlstrom C.,
NonLinear Phonocardiographic Signal Processing thesis, Link"oping University, SE-581 85 Link"oping, Sweden, April 2008.

Ahlstrom C., Ask P., Rask P., Karlsson J., Nylander E., Dahlstrom U. and Hult P.,
Assessment of Suspected Aortic Stenosis by Auto Mutual Information Analysis of Murmurs. Proceedings of the 29th Annual international conference of the IEEE EMBS, Lyon, France 2007.

Ahlstrom C., Hult P., Rask P., Karlsson J.E., Nylander E., Dahlstrom U., Ask P.
Feautre extraction for systolic heart murmur classification, Annals of biomedical engineering, vol. 34, No. 11, November 2006.

Assous Said, Analyse Temps-Fréquence par la Transformée en S et Interprétation des Signaux de Fluxmétrie Laser Doppler. Application au diagnostic clinique. Thèse de l'ENSAM 2005.

Akay Y.,
Noninvasive diagnosis of coronary artery disease using a neural network algorithm, biological cybernetics 67, 1992, 361-367.

Bernal D.,
"Damage localization using load vectors," in European COST F3 Conference, pp. 223–231, Madrid, Spain, June 2000.

Charleston-Villalobos S., Aljama-Corrales, A. T., González-Camarena R.,
Analysis of Simulated Heart Sounds by Intrinsic Mode Functions, Proceedings of the 28th IEEE EMBS Annual International onferenceNew York City, USA, Aug 30-Sept 3, 2006.

Carrubba S., Frilot C., Chesson A. L. & Marino A. A. (2007).
Nonlinear EEG activation evoked by low-strength low-frequency magnetic fields. Neurosci Lett 417(2):212-6.

Cao L.
Practical method for determining the minimum embedding dimension of a scalar time series. Phys D, 110:43–50, 1997.

Cathers I.,
Neural network assisted cardiac auscultation artificial intelligence in medicine 1995. 53-56.

Donnerstein R. L.
Continuous spectral analysis of heart murmurs for evaluating stenotic cardiac lesions. Am J Cardiol, 64:625–630, 1989.

Chapitre 4. *Classification des Signaux Cardiaques*

Degroff C., Bhatikar S., Mahajan R.
A classifier based on the artificial neural network approach for cardiologic auscultation in pediatrics, artificial intelligence in medicine 2005, 251-260.

Devos J.P., Blanckenberg M.,
automated pediatric cardiac auscultation, IEEE transactions on biomedical engineering 54, 2007, 244-252.

El-Segaier M., Lilja O., Lukkarinen S., Sornmo L., Sepponen R., and Pesonen E.
Computer-based detection and analysis of heart sound and murmur. Ann Biomed Eng, 33:937–942, 2005.

Eckmann J-P. Kamphorst, S. O. and Ruelle D.
Recurrence plots of dynamical systems. Europhys. Lett., 4:973–977, 1987.

Flandrin P., Rilling G. and Goncalvès P.,
Empirical Mode Decomposition as a Filter Bank, IEEE Signal Processing Letters, vol. 11, no. 2, pp. 112-114, 2004.

Fraser A. M. and Swinney H. L.,
"Independent Coordinates for Strange Attractors from Mutual Information," Physical Review A, vol. 33, pp. 1134-1140, 1986.

Groutage D. and Bennink D.,
Feature sets for nonstationary signals derived from moments of the singular value decomposition of Cohen-Posch (positive time-frequency) distributions". IEEE Trans. Signal Processing, Vol. 48, No. 5, pp. 1498{1503, 2000.

Hassanpour H., Mesbah M., Boashash B.,
Time-frequency feature extraction of newborn EEG seizure using svd-based techniques. Eurasip J Appl Sig Proc, 16:2544-2554, 2004.

Hadjileontiadis L. J., and S. M. Panas.
Discrimination of heart sounds using higher-order statistics. Proc. 19th Ann. Int. Conf. of the IEEE, EMBS. 3:1138–1141, 1997.

Hebden J.Edward, J. Torry
Neural network and conventional classifiers to distinguish between first and second heart sounds, the institution of electrical engineers, 1996.

He L., Lech M., Maddage C. N., Allen N.,
Study of empirical mode decomposition and spectral analysis for stress and emotion classification in natural speech, Biomedical signal processing an control 6 (2011) 139-146.

Ikegawa S., Shinohara M., Fukunaga T.,Zbilut J. P. & Webber C. L., Jr. (2000).
Nonlinear time-course of lumbar muscle fatigue using recurrence quantifications. Biol Cybern 82(5):373-82.

Chapitre 4. Classification des Signaux Cardiaques

Kantz H. and Schreiber T.,
Nonlinear time series analysis. Cambridge University Press, Cambridge, UK, 2. Edition, 2004.

Kumar D., Carvalho P., Antunes M., Paiva R. P., Henriques J.
An Adaptive Approach to Abnormal Heart Sound Segmentation, ICASSP 2011.

Kohavi R., "A study of Cross-Validation and Bootstrap for Accuracy Estimation and Model Selection", International Joint Conference on Artificial Intelligence (IJCAI), 1995.

Kim D. and Tavel M. E.
Assessment of severity of aortic stenosis through time-frequency analysis of murmur. Chest, 124:1638–1644, 2003.

Liang H., Lin Z., MCCallum R.,
Application of the Empirical Mode Decomposition to the Analysis of Esophageal Manometric Data in Gastroesophageal Relfux Disease, IEEE T. Biomedl. Eng., 52(10), 1692 – 1701, 2005.

Liu L., Wang H., Wang Y., Tao T., Wu X.,
Feature Analysis of Heart Sound Based on the Improved Hilbert-Huang Transform, 3rd IEEE International Conference on Computer Science and Information Technology (ICCSIT), 2010.

Ling He, Margaret Lech, Namunu C. Maddage, Nicholas B. Allen,
Study of empirical mode decomposition and spectral analysis for stress and emotion classification in natural speech.

Lehmann E. L. (1975).
Nonparametrics. Statistical methods based on ranks. San Francisco, CA: Holden-Day.

Leung T.S., White P.R., Collis W.B., Brown E., Salmon A.P.
Classification of heart sounds using time-frequency method and artificial neural networks, proceedings of the 22nd annual international conference of the IEEE engineering in medicine and biology society, 2000, pp. 988-991.

Marinovic M. and Eichmann G.,
Feature extraction and pattern classification in space-spatial frequency domain. In SPIE Intelligent Robots and Computer Vision, pages 19–25, 1985.

Marwan N., Wessel N., Meyerfeldt U., Schirdewan A., and Kurths J.
Recurrence-plot-based measures of complexity and their application to heart-rate-variability data. Phys Rev E, 66:1–8, 2002.

Marwan N., Romano M. C., Thiel M. & Kurths J. (2007).
Recurrence plots for the analysis of complex systems. Phys Rep 438(5-6):237-329.

Morana, C., S. Ramdani, S. Perrey et A. Varray.
Recurrence quantification analysis of surface electromyographic signal: sensitivity to potentiation and neuromuscular fatigue. Journal of Neuroscience Methods, doi:10.1016/j.jneumeth.2008.09.023.

Minfen S. and S. Lisha.
The analysis and classification of phonocardiogram based on higher-order spectra. Proc. of the IEEE-SP, Higher-Order Statistics.29–33, 1997.

Pavlopoulos S., Stasis A., Loukis E.,
A decision tree-based method for the differential diagnosis of aortic stenosis from mitral regurgitation using heart sounds, biomedical engineering online 2004.

Pompe B.,
Measuring Statistical Dependences in a Time-Series, Journal of Statistical Physics, vol. 73, pp. 587-610, 1993.

Rilling G., Flandrin P. and Gonçalves P.,
"On Empirical Mode Decomposition and its algorithms", IEEE-EURASIP Workshop on Nonlinear Signal and Image Processing NSIP-03, Grado (I), June 2003.

Ruelle D. and Takens F.,
On the nature of turbulence. Communications in Mathematical Physics, 20:167–192, 1971.

Samanta B.,
Morphological Processing of Physiological Signals for Feature Extraction, 31st Annual International Conference of the IEEE EMBS, Minneapolis, Minnesota, USA, September 2-6, 2009.

Sinha R. K., Aggarwal, and Das B. N.
Backpropagation artificial neural network classifier to detect changes in heart sound due to mitral valve regurgitation. J Med Syst Y., 31(3):205–209, 2007.

Tateishi O.,
clinical significance of the acoustic detection of coronary artery stenosis, Journal of cardiology, 2001, 255-262.

Theodoridis S., Koutroumbas K.
Pattern Recognition, 4th edition, 2009.

Webber C. L. and Zbilut J. P.
Dynamical assessment of physiological systems and states using recurrence plot strategies. J Appl Physiol, 76:965–973, 1994.

Wu Z. and Huang N. E.,
Ensemble empirical mode decomposition: A noise-assisted data analysis method, Advances in Adaptive Data Analysis, vol. 1, no. 1, pp. 1-41 2009.

Xuan B., Xie Q. and Peng S.,
EMD Sifting Based on Bandwidth, IEEE Signal Processing Letters, 2007.

Conclusion Générale

Le travail mené au cours de cette thèse a permis de proposer certaines méthodes indispensables pour un système d'aide au diagnostic des signaux PCG. L'approche globale est de développer des méthodes génériques qui possèdent comme entrée un minimum d'informations à priori sur le sujet traité. Ceci s'inscrit dans un contexte d'un outil totalement automatisé et qui peut être appliqué dans des conditions cliniques ou d'autres.

L'axe principal de cette thèse s'articule autour des sons cardiaques S1 et S2. Ces deux principaux signaux, sont au « cœur » du problème, leur localisation leur segmentation et leur classification est une étape cruciale dans l'analyse des sons cardiaques, ils sont la référence sur laquelle toute étude de pathologie se basera.

Dans un premier temps, nous nous sommes intéressés à la localisation des signaux S1 et S2. C'est une première étape de la phase de segmentation. Nous avons divisé les méthodes qui existent dans la littérature en fonction de leurs domaines où elles s'appliquent (temporel, fréquentiel, temps-fréquence et non-linéaire). Après une phase d'exploitation des méthodes existantes, nous avons proposé deux méthodes de localisation qui sont basées sur la transformée en S. La première méthode nommée SRBF, utilise des descripteurs menés de la matrice de la transformée en S, qui constituent le vecteur d'attribut du réseau RBF. La deuxième méthode, nommée SSE, calcul l'énergie de Shannon du spectre local de la transformée en S du signal. Une étude comparative à été mené sur 80 sons PCG qui contiennent 1539 sons S1 et S2, où les deux méthodes proposées ont montré leur efficacité vis-à-vis du bruit et des méthodes de localisation existantes.

Ensuite, nous avons exploré les différentes approches utilisées dans la littérature pour la détection des extrémités de S1 et S2. Nous avons discuté des avantages et des inconvénients de chaque approche, et au regard de ces discussions nous nous sommes orienté vers l'approche du seuillage local dans le domaine TF. Nous avons proposé une nouvelle méthode basée sur la concentration d'énergie optimale de la transformée en S, nommée OSSE. Nous avons montré également, que la phase d'optimisation induit une amélioration importante sur la précision des extrémités détectés d'après les mesures de références données par le cardiologue.

Puisque l'approche générale adoptée dans cette thèse est de proposer des méthodes génériques, qui ne dépendent pas de l'état du sujet. La phase de classification de S1 et S2, doit prendre en compte des cas pathologiques où le critère du temps systolique et diastolique (critère classique pour discriminer entre S1 et S2) ne sera plus valable, comme par exemple les cas de tachycardies. Pour cela, nous avons validé l'optimisation de la transformée en S avec le paramètre α, comme étant un descripteur discriminant S1 de S2. Ensuite, afin d'atteindre des pourcentages de classification plus élevés, nous nous sommes intéressés à la quantification du comportement TF de S1 et S2 par des vecteurs d'attributs (incluant plusieurs descripteurs). Ceci nous a mené à proposer une nouvelle méthode basée sur la décomposition modale empirique et la décomposition en valeurs singulières de la matrice TF. Cette méthode s'adaptera facilement à la classification de pathologies.

Afin de classifier les sons PCG normaux des sons pathologiques en présence de différents souffles systoliques, nous avons testé certains descripteurs issus des méthodes non-linéaires comme la méthode RQA (Reccurence Quantification

Analysis) et la méthode de l'information mutuelle. Ces méthodes révèlent la dynamique non-linéaire de processus testé, qui est la phase systolique dans notre cas. Nous avons confirmé leur efficacité à discriminer les cas normaux des cas pathologiques, ensuite nous avons mené une discussion autour de l'information de l'entropie obtenue par la méthode RQA et son interprétation vis-à-vis de la mesure de complexité du signal traité.

Perspectives

Systèmes de Classifications

Le domaine des systèmes de classifications n'a pas suffisamment été exploré dans cette thèse. Une phase d'exploration et de comparaison de différentes systèmes de classifications existants et le choix du système le plus adapté à une problématique de classification précise est nécessaire et rendue possible grâces aux outils proposés.

Nous citons, deux applications futures qui ont un lien avec le domaine de classification des sons cardiaques :

- La classification des sons cardiaques qui correspondent à des prothèses valvulaires selon leurs structures et selon leurs matériaux.
- Une deuxième application, consiste à concevoir un outil de biométrie qui sera validé sur une base des sons issus du projet MARS500, qui va nous permettre de suivre l'état de 6 sujets normaux, dans différentes étapes de stress et sur une période de 520 jours.

Validation des méthodes de classifications

- Les sons utilisés dans cette étude ont été acquis avec un protocole d'auscultation où le patient doit s'arrêter de respirer pendant le temps d'auscultation. Ceci limite la longueur du son et empêche de réaliser des mesures statistiques précises sur le même enregistrement. En outre, dans certains cas, comme les patients âgés et dans des cas de pathologies spécifiques, la coupure de respiration n'est plus possible. Les méthodes proposées doivent être testées sur une base de sons cardiaques en présence des bruits respiratoires.

- Pour les méthodes de classifications, une méthodologie de validation croisée donne souvent des résultats de classification optimiste pour une application qui devra être appliquée dans des conditions réels et hétérogènes. La validation des méthodes de classifications devra être réalisée sur des données indépendantes. Pour cela, un grand volume de sons est nécessaire, et une séparation de la base de test de celle d'apprentissage, afin d'évaluer les algorithmes sur des nouveau cas, est indispensable.

Optimisation du temps du calcul

L'une des perspectives de cette thèse est de développer un outil d'aide au diagnostic en quasi temps réel pour les diverses situations rencontrées en cardiologie. Plus précisément lors de monitoring de patient où l'analyse temps réel est exigée. En vue de la complexité des méthodes une optimisation des algorithmes proposés est nécessaire. D'autre part, une partie importante de nos traitements est basée sur la transformée en S, dont l'optimisation algorithmique est possible. Une limitation actuelle de cette dernière est son implémentation sur des signaux de longue durée, une solution est d'en réaliser une implémentation hardware sur des cartes dédiées de type FPGA ou sur GPU. Une phase de validation de l'effet de cet algorithme sur les performances obtenues par rapport à la transformée en S classique sera aussi indispensable.

Protocole de caractérisation des prototypes

Les sons collectés qui sont utilisés pour valider les méthodes proposées, sont issus des stéthoscopes prototypes. Une phase de caractérisation de ces prototypes est indispensable pour l'homogénéité des données, en vue de standardiser les instruments. Avec l'expérience acquise lors de cette étude, la caractérisation devra comporter une analyse fréquentielle sur la bande 10Hz-800Hz, ainsi qu'une réponse indicielle.

Système à multi-capteurs

Dans ce travail, le lien avec les travaux sur l'analyse des signaux ECG n'est volontairement pas mis en avant. De nombreux outils de traitement du signal sont communs, pour rester proche de l'origine physique (son) du signal, nous nous sommes orientés vers de nouvelles approches. Cependant, il nous est évident que l'association des signaux est potentiellement intéressante pour le cardiologue comme l'en atteste la figure 2.1. Le temps qui s'écoule entre le pic R sur l'ECG et le signal S1 est estimé entre 10 et 50ms. Cette différence d'un point de vue système correspond à l'écart entre le signal de commande et l'information sonore générée. Une mesure dissociée de ces deux temps, prélevés de façon synchrone sur un même patient, semble être une nouvelle information pertinente pour le cardiologue.

Modélisation des signaux PCG

Certaines méthodes existent pour modéliser les sons cardiaques, mais elles sont très basiques et ne répondent pas à la richesse et l'hétérogénéité des cas réels. Ceci est dû au fait que la vraie origine des sons cardiaques n'est pas encore suffisamment connue. Plus d'informations provenant du domaine médical vont peut-être permettre de réaliser des modélisations efficaces et précises.

Aspect Sociologique

Le fait d'introduire un stéthoscope intelligent, pour des raisons de suivis à domicile par exemple, implique de nouveaux problèmes. Ils ont un lien avec l'aspect sociologique et psychologique de l'utilisateur (patient). Un stéthoscope intelligent, est un outil d'aide au diagnostic et ne remplacera jamais le cardiologue ainsi que les autres techniques avancées de cardiologie. Ceci doit être pris en compte dans le déploiement de ces outils dans un cadre de télémédecine. Des notions d'ergonomies sur l'instrument de mesure, sur l'affichage des informations et sur la transmission de celles-ci seront la clef du succès de l'utilisation de tels instruments par les patients à domicile.

Zeitfracht Medien GmbH
Ferdinand-Jühlke-Straße 7
99095 Erfurt, Deutschland
produktsicherheit@kolibri360.de

Druck:
CPI Druckdienstleistungen GmbH
im Auftrag der
Zeitfracht Medien GmbH
Ein Unternehmen der Zeitfracht - Gruppe
Ferdinand-Jühlke-Str. 7
99095 Erfurt